# 掺杂 GaN 纳米线制备技术

崔 真 吴 辉 李恩玲 著

北 京

冶 金 工 业 出 版 社

2023

# 内 容 提 要

本书共分 9 章，主要内容包括各种元素掺杂 GaN 纳米线的制备工艺与性能测试。对掺杂可以改善 GaN 纳米线电学特性的原因进行了讨论。另外，还介绍了 AlN 包覆 GaN 纳米线的制备及表征，分析了 AlN 包覆 GaN 纳米线的形成机理。本书内容涉及物理、化学、材料和电子信息等多个领域的相关知识，书中详细地给出了各种掺杂 GaN 纳米线制备的最佳工艺，以便读者更好地了解本书的内容。

本书可供电子科学与技术、微电子学与固体电子学、光电信息工程、物理学类本科生、研究生及相关领域工程技术人员阅读。也可作为高等院校相关专业师生的教学参考书。

**图书在版编目 ( CIP ) 数据**

掺杂 GaN 纳米线制备技术/崔真，吴辉，李恩玲著. —北京：冶金工业出版社，2023. 10

ISBN 978-7-5024-9640-1

Ⅰ. ①掺…　Ⅱ. ①崔…　②吴…　③李…　Ⅲ. ①纳米材料—研究　Ⅳ. ①TB383

中国国家版本馆 CIP 数据核字（2023）第 192135 号

**掺杂 GaN 纳米线制备技术**

| | | | |
|---|---|---|---|
| 出版发行 | 冶金工业出版社 | 电　　话 | (010)64027926 |
| 地　　址 | 北京市东城区嵩祝院北巷 39 号 | 邮　　编 | 100009 |
| 网　　址 | www. mip1953. com | 电子信箱 | service@ mip1953. com |

责任编辑　王悦青　美术编辑　吕欣童　版式设计　郑小利
责任校对　葛新霞　责任印制　禹　蕊
三河市双峰印刷装订有限公司印刷
2023 年 10 月第 1 版，2023 年 10 月第 1 次印刷
710mm×1000mm　1/16；10. 5 印张；205 千字；158 页
定价 **72. 00** 元

投稿电话　(010)64027932　投稿信箱　tougao@cnmip. com. cn
营销中心电话　(010)64044283
冶金工业出版社天猫旗舰店　yjgycbs. tmall. com
（本书如有印装质量问题，本社营销中心负责退换）

# 前　　言

氮化镓（GaN）的化学性质稳定，并且具有许多优异的物理性质，包括带隙宽、介电常数小、击穿电压高、导热性能高等，使其在光电子器件和功能器件方面具有广阔的应用前景。GaN 作为第三代半导体材料，是目前全球半导体研究的热点和前沿，GaN 纳米线的可控合成可以为电子器件的设计与制备提供坚实的基础，从而进一步提升其在电子器件方面的应用。

掺杂是一种改善材料电学性质的有效手段，本书对掺杂 GaN 纳米线的制备工艺及性能进行了系统介绍，是作者研究小组近十年来在GaN 纳米线制备领域的主要研究工作和成果，内容主要涉及各种元素掺杂 GaN 纳米线的制备技术和 AlN 包覆 GaN 纳米线的制备及表征等。

本书内容涉及的工作得到国家自然科学基金项目和陕西省创新人才推进计划项目的资助，感谢研究生付楠楠、张玉龙、宋莎、吕世焘、王囡辉、李丹丹、刘晓钰、闫洁、王含笑等人对本书的贡献。

本书是作者团队多年从事 GaN 纳米线制备技术研究工作的总结，由于作者水平有限，书中若存在不妥之处，欢迎读者不吝指正。

作　者
2023 年 7 月

# 目　　录

# 1 绪 论

## 1.1 纳米材料概述

纳米材料的使用在古代就已经存在。例如,古代字画为什么能历经千年而不褪色,经研究认为是由于所用的墨是由纳米级的碳组成的;还有古代铜镜表面的防锈层也被证明是纳米氧化锡薄膜,只是当时人们不清楚而已。

纳米材料在最近十来年的研究中,涉及的领域非常宽,内涵在不断地扩展。目前,大众认可的纳米材料定义为基本单元的晶粒或颗粒尺寸至少在一维上小于100nm,并且必须具有与常规材料截然不同的电、化学、热、光或力学性能的一类材料。纳米材料的特性是由其构成基本单元的尺寸及特殊界面、表面结构所决定的。

纳米材料因为有明显不同于单个分子和块体材料的独特性质,即表面比效应[1]、量子尺寸效应[2]、小尺寸效应[3]、介电限域效应[4]等,以及在化工、光学、陶瓷、电子学、军工和生物等诸多应用方面举足轻重的价值,引起了全世界各个国家科研学者浓厚的兴趣。自 20 世纪 80 年代以来,零维材料研究已取得非常大的进展,但是一维纳米材料的制备与研究仍面临非常大的挑战。一维纳米材料在超高密度存储、电子学、大型超微集成电路、光子学及复合材料的增强剂等领域具有非常广阔的应用前景。因此它已成为重要的国际前沿课题。

## 1.2 GaN 材料概述

GaN 是一种直接宽禁带半导体,室温下带宽约为 3.4eV。GaN 材料作为第三代半导体材料的代表,具有电子漂移饱和速度高、耐高温性能好、热稳定性好、禁带宽度大、介电常数小等优点,而且在室温下不溶于碱、水、酸,导热性、化学稳定性和机械性能都非常好。

GaN 材料电子跃迁辐射的波长在近紫外波段,对其掺杂后发光波长移至可见光区域[5-7]。所以 GaN 及其相关材料在蓝绿发光器件的材料方面具有独特的优势。近年来,无论是在 GaN 材料生长制备还是器件研发制造方面,人们都获得了巨大进展。LED 和 GaN 基 LD 相继研制成功并进入商业化应用,这大大地推动了 GaN 材料的发展。随着半导体器件制造工艺水平的不断提高，GaN 基材料器件将会得到更大发展。

### 1.2.1 物理性质

GaN 是一种直接带隙宽禁带半导体材料，它具有稳定性高、电离度高的特点，又是坚硬的高熔点材料，熔点约为 1700℃。GaN 有 3 种晶体结构，分别为岩盐型（rock-salt）结构、闪锌矿（zine-blende）结构和纤锌矿（wurizite）结构。纤锌矿结构最稳定，是由于在 Ga—N 共价键结合中离子键成分较大；闪锌矿型 GaN 属于亚稳态；岩盐型结构属于高温相，根据报道，在 55.3GPa 的压力下，岩盐型结构才能存在，随着压力的减小，慢慢地变成稳定的纤锌矿结构。GaN 材料在常温常压下以六方纤锌矿结构存在，但是在一定条件下也会存在立方的闪锌矿结构。

### 1.2.2 化学性质

GaN 在室温下不溶于碱、水、酸，但在热的碱性溶液中能缓慢地溶解，还具有硬度大、不易腐蚀的特性。在高温条件下，GaN 粉末在 $H_2$ 和 HCl 条件下是不稳定的，易分解，而在 Ar、$N_2$ 条件下是稳定的。在 GaN 基为材料的器件中，人们采用一种有效的方法：反应离子刻蚀方法来刻蚀 GaN，而现在人们主要采用等离子体工艺对 GaN 进行刻蚀[8-12]。

### 1.2.3 电学性质

GaN 作为器件被应用，影响器件的因素主要是它的电学特性。未掺杂的 GaN 在各种情况下都是 n 型，电子浓度约为 $4 \times 10^{16}/cm^3$。为了提高 GaN 样品的电子浓度，GaN 化合物都进行掺杂。一般来说，常用 Si 对 GaN 进行 n 型掺杂，而 p 型掺杂用 Mg。由于在 p 型掺杂过程中，Mg-H 配合物的形成降低了掺杂浓度和掺杂效率，因此，在经过 p 型掺杂以后，要利用热退火或者低能电子束的条件，使 Mg-H 分离来获取低电阻的 p 型 GaN 样品。GaN 的 p 型掺杂相对较困难，其原因是 Mg 或 C 对 GaN 进行掺杂，获得的都是高阻材料。

### 1.2.4 光学特性

GaN 是一种直接带隙的半导体材料，它的Ⅲ-Ⅵ族化合物的禁带宽度从 InN（1.9eV）连续变化到 GaN（3.4eV）再到 AlN（6.2eV），对应于从可见光到紫外光的范围。因此，发出蓝光的 GaN 芯片与黄色荧光粉为制造白光提供了一种途径。直接带隙就是电子在导带底和价带顶之间的竖直跃迁，初态和基态几乎在一条直线上，在跃迁过程中能量守恒和动量守恒。而非竖直跃迁也称作间接跃迁，它满足能量守恒但是动量不守恒，在跃迁过程中伴随声子的产生，是一个二级过程，其相应的光吸收和光发射概率要比直接带隙弱得多。

# 1.3 GaN 纳米线的合成方法

1997 年 Fan 等人[13]利用碳纳米管模板第一次成功制备出一维 GaN 纳米线，目前，已经有很多人用不同合成方法制备出 GaN 纳米材料，这些方法具体如下[6]。

## 1.3.1 分子束外延法

分子束外延（MBE）法是在高真空的条件下精确地控制原材料中性分子束的强度，并使其在加热的基片上进行外延生长的一种方法。它的原理是采用高的真空技术，将构成外延膜的原子以分子束或原子束的形式射到衬底上，经过一系列的物理、化学过程，在该面上按一定的生长方向生长薄膜。该方法的优点是制备生长样品所需温度较低、可以表征生长过程及薄膜的厚度能精确控制。而缺点是要求非常高的真空度、生长时间较长和设备比较昂贵。并且其中的离子能量太大而造成衬底、外延层表面损伤，导致晶体质量降低，存在一定缺陷。MBE 法制备 GaN 薄膜，以三甲基镓为 Ga 源，N 等离子束为 N 源，通过控制衬底的温度，在其表面反应生成 GaN 薄膜。这种方法可以在低温下生长 GaN 纳米材料。

1975 年，人们利用 MBE 法制备 GaN 材料，制备原理是采用高真空技术，把原子束或分子束溅射到衬底上，再经过物理反应和化学反应，从而得到具有一定取向的 GaN 薄膜。它的优点是过程可控、制备温度低、可精确控制薄膜厚度，适合生长超晶格、量子阱等薄层结构的材料。

## 1.3.2 金属有机化学气相沉积法

金属有机化学气相沉积（MOCVD）法是制备外延薄膜的一种生长方法。MOCVD 法是用氢气将金属有机化合物和气态非金属氢化物经过输运通道送入反应室加热的衬底上，通过化学反应和热分解反应最终在衬底上生长出外延材料。MOCVD 法的特点[14]包括：（1）所有源都以气体形式输入反应腔，对源的气体流量和掺杂浓度可以精确控制；（2）晶体生长以热分解方式进行，在单温区生长，因此设备简单，重复性好，便于批量生产；（3）晶体的生长速度取决于源的供应量，并可以在大范围内调整外延生长速度；（4）采用低压生长，可减少外延生长过程中的存储效应和过渡效应，异质介面能够实现单原子层突变，适合超薄结构生长。MOCVD 法是一项集半导体材料、流体力学、化学、机械、真空、电路和自动化控制多学科于一体的系统工程，技术含量要求非常高。由于MOCVD 法外延生长使用的原材料大多数是易燃和易爆的有毒气体，因此要求系统的气密性要好，并具有安全控制和抽风装置。

1971 年，人们采用 MOCVD 法制备 GaN 材料。MOCVD 法是通入氢气，再把金属有机化合物、气态非金属氢化物放入反应室的衬底上，在一定温度下，通过分解反应，最终制备出外延层的一种技术。这种方法的缺点是 Mo 源与氢化物的毒性很大、污染大、生长温度高，给合成材料带来一定困难。

### 1.3.3 氢化物输运气相外延生长法

氢化物气相外延（HVPE）技术最初用于制备 GaN 单晶薄膜。HVPE 法通常是在常压情况下，在热石英反应器内制备 GaN 纳米材料。制备 GaN 纳米材料的反应是采用金属氯化物歧化反应，通过调整反应室内温度，从而实现 GaCl 生长、转移和 GaN 纳米材料的沉积。HVPE 法的独特之处在于参与反应的初级粒子（GaCl）是在反应室内制备的，制备过程为液体金属镓和氯化氢气体在 800～900℃时反应生成气态 GaCl，而 GaCl 被载气带到衬底上方并与氨气混合，最后，在衬底上反应和沉积从而形成 GaN 纳米材料[15-16]。衬底的温度一般选取为 900～1000℃，载气通常为氮气和氢气。

### 1.3.4 模板限制生长法

模板限制生长法[17]是制备一维纳米材料的普遍使用方法，有很广泛的应用领域，这种方法制备生长出单质金属及其合金、半导体和碳化物等大量的一维形貌的纳米材料，它的制备方法对比其他机理有非常强的优越性。模板作为一种支架，利用其限制作用可形成和模板互补形态的纳米结构。最常用的模板有碳纳米管、多孔铝、聚合物隔离膜及各种类型分子筛等，由于这些模板的内部贯穿了不同规则纳米级的沟道，如果制备的纳米线可以通过宿主基质从模板孔中生长出来，就能得到形貌很好的纳米线阵列。模板法最显著的优点是可以直接制备出一维纳米材料阵列，这在电子平板显示等电子领域有着很大的潜在应用前景。

### 1.3.5 激光烧蚀法

Han 等人通过激光烧蚀法，利用激光剥离 GaN 靶，成功地制备出一维 GaN 纳米结构[18]。激光烧蚀法作为材料制备技术，它是利用一定波长的激光产生巨大的能量，在源料位置产生瞬间的高温，最大化地激发源料反应的活性，从而得到所需要合成的材料。

### 1.3.6 氧化物辅助生长法

氧化物辅助生长机制不同于气-液-固（VLS）生长机制，一维纳米材料在成核的过程中用氧化物替代了金属，最终制备出高纯度的一维纳米材料。采用这种新方法，可以制备出纯度高、直径均匀的半导体纳米线，其直径可达几纳米到几十纳米。Shi 等人以氧化镓（$Ga_2O_3$）和 GaN 混合物作为镓源，借助 $Ga_2O_3$ 辅助作用，从而生长出一维 GaN 纳米结构，Shi 证明[19]如果只用 GaN 作为前驱体，在相同情况下并不能生长出一维 GaN 纳米结构，所以可见 $Ga_2O_3$ 在一维 GaN 纳米结构的生长过程中起着非常重要的作用。

### 1.3.7　化学气相沉积法

化学气相沉积（CVD）法是指通入气体反应源，同时加热前驱体，其中前驱体可以是固体粉末、液体或者气态，使其和气体源发生充分反应，然后在一定温度下，气相分子达到凝聚临界尺寸后，成核并不断生长，从而获得一维纳米材料。一般情况下，只需要满足一定的实验条件，各种晶体材料都能形成一维纳米结构。

CVD 法有两个重要因素：（1）各种源气体之间通过在衬底上的反应来产生沉积物；（2）沉积反应必须在一定的激活条件下进行。通常情况下气相沉积的化学反应使用温度作为激活条件。在达到反应温度时，气态物质在衬底表面进行化学反应，在保护气体中快速凝结，生成固态沉积物，从而制备各种材料的纳米结构。

### 1.3.8　溶胶-凝胶法

溶胶-凝胶法是 20 世纪 60 年代出现的一种制备玻璃或者陶瓷等材料的化学镀膜方法。溶胶-凝胶法主要是把金属醇盐或者无机盐经过水解、缩聚反应形成凝胶再加热老化，然后经过不同阶段的处理使其形成稳定的凝胶薄膜。现在溶胶-凝胶法也用来生长 GaN 纳米线阵列和 GaN 粉体。

此外，升华法[20]、直接反应法[21]也都用来制备 GaN 纳米线。

由于用 CVD 法具有装置简单、温度容易控制、实验条件要求低等优点，本书实验采用 CVD 法制备 GaN 纳米线。

## 1.4　纳米线的生长机制

### 1.4.1　气-液-固机制

气-液-固（VLS）[22]生长是利用催化剂纳米团簇制备纳米线的技术，生长过程中使用催化剂起到了限制纳米线径向尺寸和形状的作用。在适当的生长条件下，首先催化剂要形成纳米液滴或者团簇，不断吸附气相反应的反应物质，从而使生成物质在催化剂纳米液滴的界面上成核并以此为生长点，逐渐地生成一维的线状结构[22-25]。例如，利用金属的铟粉末作为催化剂，在加热的过程中形成了 In-Ga-N 的三元合金液滴，随着不断地吸附 Ga、N，液滴达到饱和形成生长点，不断地提供气相的反应物则会顺着生长点不断地生成纳米线。

## 1.4.2　气-固机制

气-固（VS）[26-28]机制与 VLS 机制的不同点在于：在纳米线的合成过程中，源气相输运到衬底上方，凝结沉积到衬底上，在衬底上通过凝结核的微观缺陷（位错、孪晶）择优生长，这样就会生长成纳米线或者纳米晶须。在这种过程中，并不需要催化剂作为辅助。这种机制的优点是不会引入杂质，并不像 VLS 机制中，纳米线的顶端存在催化剂纳米颗粒。因此，催化剂并没有诱导纳米线的生长，即在纳米线的顶端并没有纳米颗粒的出现。

## 1.4.3　GaN 纳米线表征与性能测试方法

### 1.4.3.1　X 射线衍射

X 射线衍射（X-ray diffraction，XRD）仪是通过 X 射线对晶体的衍射来对样品的晶体结构和物相进行定量分析和定性分析，本书采用西安理工大学的 X 射线衍射仪（XRD-7000）对样品进行分析。X 射线衍射仪采用 Cu 靶 $K_\alpha$ 作为射线源，工作电流与电压分别为 40mA 和 40kV。X 射线衍射仪的特点如下：它采用的是多功能水平型 $\theta$-$\theta$ 测角仪，在测试过程中，样品水平放置且静止不动，仪器连接电脑并设置参数，使 X 射线光管和探测器以一定的范围角度绕样品转动，来获取 X 射线衍射峰。X 射线衍射仪主要适合于薄膜、粉体、固体的测试分析。

### 1.4.3.2　扫描电镜

扫描电镜（scanning electron microscope，SEM）是一个重要的现代显示技术，其成像原理是利用聚焦非常细的电子束在样品表面做光栅式扫描，入射电子与物质相互作用产生各种物理信号调制成像。扫描电镜作为成像信号的电子主要有二次电子、背反射电子、透射电子等。其中二次电子的成像分辨率最高，因此常使用二次电子成像。电子束在样品上扫描时，样品不同表面形貌处激发出的二次电子的数量、空间散射角度和方向也不同。根据接收二次电子出射角度和数量可以表征出样品的表面形貌。扫描电镜广泛地被用来观察各种固态材料的表面超细结构形貌。本书 SEM 测试使用的是西安理工大学现代分析测试中心的扫描电镜 JSM-6700F。

### 1.4.3.3　透射电镜

本书透射电镜（TEM）测试使用的是西安理工大学现代分析测试中心的场发射扫描电子显微镜 JEM-3010，它是利用高能电子与薄膜样品作用对样品内部进行微观分析的电子光学仪器。电子显微镜的加速电压越高，电子对试样的穿透能力越强，同时分辨率也得到进一步提高。它的特点是分析型和超高分辨相结合，并且可以在晶体结构分析与形貌观察同时进行局部成分分析。它的组成部分 Oxford INCA 能谱仪，可对序号为 5（B）~92（U）的元素进行成分的定性和定量分析。Gatan894 CCD 相机可提供 2048pdi×2048pdi 高清晰数字化图像。常用于纳米材料、金属与合金、半导体、陶瓷矿物、高分子、生物等样品的常规显微图像观察，甚至是原子尺度的结构图像观察，同时还可对纳米尺度微区的物质进行晶体结构和晶体缺陷分析。

# 1.5 场发射理论

固体中电子的逸出主要通过给材料加热和外加电场的方式来实现。在没有外加电场并且温度较低时，材料表面处真空能级保持平稳，电子隧穿无限宽势垒的概率为零，真空能级以上的电子密度非常小，材料中的电子发射几乎不能实现。当材料被加热以后，电子由于热激发而动能增加，占据真空能级以上的能级，便可以产生热电子发射。热电子发射的过程中温度占主导地位，因此存在发射效率低和电子发射不均匀等缺点。

当采用外加电场的方式激发电子逸出时，如果在外加电场较弱的情况下，势垒的最高点就会下降，能量高于势垒的电子能够逸出，而能量低于势垒的电子不能逸出，同样存在发射效率低的缺点。但是当外加电场较强时，固体表面的势垒高度不仅降低，而且势垒的宽度会变窄，从而使固体内部的电子可以隧穿表面势垒逸出发射，即为场致电子发射，简称为场发射。场发射是一种有效的电子发射方式，其发射的电流密度能够达到 $10^7 A/cm^2$ 或者更大[29]，所以研究场发射理论及探索更有效的场发射阴极材料对于真空微电子器件来说是非常有意义的。图1-1 是场发射实验测量系统结构图。当两极之间加上电压后，它们之间便会出现宏观电场，也称作外加电场。当外加电场较强时，势垒的形状就由热电子发射变成了场致电子发射所具有的三角形势垒。低温下，只有费米能级 $E_f$ 附近及以下存在大量的电子，而能量高于势垒的电子数目很少。根据经典力学，几乎没有电子能够逸出物体表面，但是量子力学电子具有波动性，当势垒宽度及高度与电子波的波长处于同一数量级时，即使在低温下，也会有大量电子能够突破固体势垒从表面逸出。因此，当给材料施加强电场时，会产生两种作用，一是降低势垒的高度，二是减小势垒的宽度，对于低温场致电子发射，主要是利用势垒宽度的减小，达到电子隧穿发射的目的。

## 1.5.1 经典 F-N 理论

早期的场发射阴极材料是以 MO、W 等难熔金属为代表，所以经典的 F-N 理

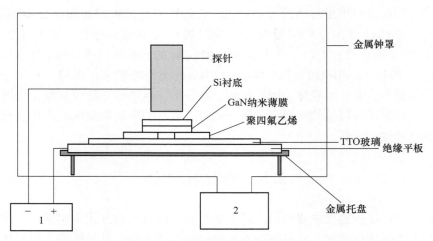

图 1-1　场发射实验测量系统结构图

1—电源系统（电压表、电流表）；2—真空系统（扩散泵、机械泵）

论是由 Fowler 和 Nordheim 于 1928 年基于金属型冷阴极建立的一套理论[30-34]。

理论基于四个基本假设：（1）金属表面是光滑平面，忽略其原子尺度的不规则性；（2）逸出功分布均匀；（3）考虑经典镜像力；（4）使用费米-狄拉克统计分布处理金属内部一个能带上电子的发射。

室温下电子逸出主要靠隧穿效应，其电流发射密度 $J$ 与两个参数有关：（1）供给函数 $N(W)$，即在金属内部单位时间内沿 $x$ 方向上能量为 $W$ 的电子打在单位面积上的数目；（2）透射系数 $P(W)$，即这些电子隧穿势垒的概率。

能量在 $W \to W + \Delta W$ 范围内，单位时间打在单位面积上的电子数为 $N(W)\Delta W$，发射电流密度 $J$ 为：

$$J = e \int_{E_c}^{\infty} P(W) N(W) \, \mathrm{d}W \tag{1-1}$$

式中　$E_c$ ——导带底能级。

通常情况下，能够逸出的电子主要来自费米能级 $E_f$ 附近。在 $T = 0$ 时，电子分布在费米能级 $E_f$ 以下，所以积分上限取到 $E_f$，积分下限取为 $-\infty$，则电流密度可改写为：

$$J = e \int_{-\infty}^{E_f} P(W) N(W) \, \mathrm{d}W \tag{1-2}$$

解出供给函数 $N(W)$ 和透射系数 $P(W)$ 的具体数学形式，代入式（1-2）整理可得：

$$J = \frac{e^3 E^2}{8\pi h E_f t^2(y_0)} \exp\left[ -\frac{8\pi \sqrt{2m} E_f^{3/2}}{3heE} v(y_0) \right] \tag{1-3}$$

取真空能级 $E_v = 0$，则 $E_f$ 的数值大小等于逸出功 $\varphi$，由此可得出著名的 Fowler-Nordheim 公式：

$$J = \frac{e^3 E^2}{8\pi h\varphi t^2(y_0)} \exp\left[ -\frac{8\pi\sqrt{2m}\,\varphi^{3/2}}{3heE} v(y_0) \right] \tag{1-4}$$

式中　$v(y_0)$——Nordheim 函数。

$t(y_0)$ 在整个范围内都接近 1，将各常数代入上式，可得：

$$J = \frac{AE^2}{\varphi} \exp\left( -\frac{B\varphi^{3/2}}{E} \right) \tag{1-5}$$

式中　$A$——$1.54\times10^{-6}$ A·eV/（V·cm）；

　　　$B$——$6.83\times10^7$ V/（eV$^{3/2}$·cm）；

　　　$J$——场发射电流密度，A/cm$^2$；

　　　$E$——表面电场强度，V/cm；

　　　$\varphi$——逸出功，eV。

在冷阴极场发射器件中，阴极材料通常被做成针尖形状，这样可使外加电场在发射表面得到增强，所以发射表面的电场通常不等于外加电场。这时，引进场增强因子 $\beta$，那么针尖状发射体的有效表面电场强度为 $E_{\mathrm{eff}} = \beta E$，则其场发射电流方程又可以写为：

$$J = \frac{A\beta^2 E^2}{\varphi} \exp\left( -\frac{B\varphi^{3/2}}{\beta E} \right) \tag{1-6}$$

由式（1-6）可以看出，场发射电流密度 $J$ 是表面电场强度 $E$、场增强因子 $\beta$ 和逸出功 $\varphi$ 的函数。对于固定的材料，逸出功是个常数，那么电流密度仅仅是电场强度和场增强因子的函数 $J = f(E, \beta)$。因此，对于某一种场发射材料的制备，通过掺杂和改变其工艺参数从而降低其逸出功、增大场增强因子，那么在一定的外加电场下，可以提高场发射电流密度。

以上是金属冷阴极场发射理论的建立。

### 1.5.2　半导体场致电子发射

对于半导体材料作为场发射阴极的理论研究，本质上与金属材料没有太大区别，所以，关于半导体材料场发射理论的研究仍然采用 Fowler 和 Nordheim 提出的金属 F-N 理论，但有时需要考虑外电场的渗透作用和表面态的影响。对于 n 型半导体在不考虑场渗透的情况下，存在外电场但不考虑电场向内部的渗透作用时，半导体的场发射与金属的不同之处为：导带中电子的速度和能量服从麦克斯韦分布；导带中的电子浓度和施主（受主）的种类和浓度、温度等有关。另外考虑场渗透和表面态的情况，渗透深度随着电场强度增大而增大，电子浓度随着渗透深度的增加而减小。一方面在外电场很强时，电场会渗透到半导体内一定深度使得近表层导带位置处在费米能级之下，这时近表层的电子呈简并状态，导带内电子分布服从麦-玻分布，场发射形式发生变化；另一方面在外电场的作用下，表面势垒降低，表面费米能级低于体内费米能级，使半导体表面处于非平衡态，在半导体近表面层会形成表面电势。表面电荷在近表面区产生内电场，对外加电场具有屏蔽作用，引起近表面区域内载流子浓度发生变化。

### 1.5.3  相关概念

对于半导体材料的场发射性能研究，我们需要明白几个相关概念，也是衡量半导体材料场发射性能好坏的几个重要参数：功函数、电子亲和势及电离能、场增强因子等。

#### 1.5.3.1  功函数

在半导体材料中，我们知道电子主要占据着费米能级 $E_f$ 以下的位置，那么电子想要发射到真空当中，需要克服的最小能量就是由费米能级到真空之间的能量，我们定义这个能量为功函数 $\varphi$，其表达式如下[35]：

$$\varphi = E_0 - E_f \tag{1-7}$$

$\varphi$ 的大小是衡量电子被固体材料束缚的强弱，$\varphi$ 值越小，电子越容易被激发到真空当中。由式（1-7）可以看出，功函数的大小与费米能级有关系。对于半导体来说，费米能级的高低与掺杂类型和杂质浓度有密切关系，所以功函数的大小也与掺杂有关；同时，功函数的值与表面状况有关，晶体表面由于范德瓦尔斯力或库仑力的作用常吸附外来原子或离子，从而使得功函数发生变化[36]。

#### 1.5.3.2  电子亲和势及电离能

在半导体材料中，通过掺杂或者其他手段可以增加材料的自由电子浓度，而这些自由电子往往主要处于导带底位置，那么它们想要发射到真空当中，必须要克服从导带底到真空之间的能量，我们定义这个能量为电子亲和势，其表达式如下[35]：

$$\chi = E_0 - E_{CB} \tag{1-8}$$

式中    $\chi$ ——电子亲和势；

$E_{CB}$ ——导带底能量。

在半导体中，电子亲和势有正负之分，从式（1-8）可以看出，负电子亲和势指的就是半导体导带底能级高于真空能级，这样导带底处的电子能量就会大于真空中自由电子的能量，导带底电子就容易发射到真空当中[36]。通常我们所说的电离能是基态原子失去一个电子所需要的最小能量，本文当中，我们定义电离能为基态情况下失去一个电子所需要的最小能量，而这个电子到底是由哪个原子失去的，我们不做讨论，只需要知道宏观情况下材料失去电子的难易程度。对于半导体材料，电子亲和势及电离能越小，电子越容易激发。

### 1.5.3.3 场增强因子

对于宽禁带半导体材料，通常情况下想要获得可测量的场发射电流，需要给材料施加非常大的电场，如此高的电场只能通过改变发射体的几何形状来实现。我们使用场增强因子来衡量电场被增大的倍率，考虑一个理想的圆柱体纳米导线发射体，场增强因子 $\beta$ 可以写为：

$$\beta = \frac{h}{\rho} \tag{1-9}$$

式中　$h$——发射体的高度；

　　　$\rho$——发射体的曲率半径。

因此，发射体上的有效电场为：

$$E_{\text{eff}} = \beta \cdot E \tag{1-10}$$

式中　$E$——直接加在被测样品上的外场；

　　$E_{\text{eff}}$——纳米导线尖端上的实际有效电场。

材料的场增强因子越大，在固定的外场情况下，就可以获得更大的发射电流，所以早期的金属场发射材料要做成微尖状，以致后来的碳纳米管和半导体材料等都做成纳米级别。

## 参 考 文 献

［1］王静静，廖波，刘维，等. 等离子体状态对 PECVD SiC 薄膜微结构的影响［J］. 功能材料，2004, 35（1）：80-81.

［2］ROSSETTI R, NAKAHARA S, BRUS L E. Quantum size effects in the redox potentials, resonance Raman spectra, and electronic spectra of CdS crystallites in aqueous solution［J］. The Journal of Chemical Physics, 1983, 79（2）：1086-1088.

［3］SUN Y, WILEY B, LI Z Y, et al. Synthesis and optical properties of nanorattles and multiple-walled nanoshells/nanotubes made of metal alloys［J］. Journal of the American Chemical Society, 2004, 126（30）：9399-9406.

［4］KRANS J M, VAN RUITENBEEK J M, FISUN V V, et al. The signature of conductance quantization in metallic point contacts［J］. Nature, 1995, 375（6534）：767-769.

［5］MIWA K, FUKUMOTO A. First-principles calculation of the structural, electronic, and vibrational properties of gallium nitride and aluminum nitride［J］. Physical Review B, 1993, 48（11）：7897-7902.

［6］杨志祥. GaN 薄膜及纳米棒的制备和表征［D］. 杭州：浙江大学，2006.

［7］SHUL R J, VAWTER G A, WILLISON C G, et al. Comparison of plasma etch techniques for Ⅲ-Ⅴ nitrides［J］. Solid-State Electronics, 1998, 42（12）：2259-2267.

［8］LAKSHMI E. Dielectric properties of reactively sputtered gallium nitride films［J］. Thin Solid Films, 1981, 83（1）：L137-L140.

［9］MORIMOTO Y. Few characteristics of epitaxial GaN-etching and thermal decomposition［J］.

Journal of the Electrochemical Society, 1974, 121 (10): 1383-1384.

[10] ITOH K, AMANO H, HIRAMATSU K H K, et al. Cathodoluminescence properties of undoped and Zn-doped $Al_xGa_{1-x}N$ grown by metalorganic vapor phase epitaxy [J]. Japanese Journal of Applied Physics, 1991, 30 (8R): 1604-1608.

[11] ADESIDA I, MAHAJAN A, ANDIDEH E, et al. Reactive ion etching of gallium nitride in silicon tetrachloride plasmasa [J]. Applied Physics Letters, 1993, 63 (20): 2777-2779.

[12] HAYS D C, CHO H, JUNG K B, et al. Selective dry etching using inductively coupled plasmas: Part II. InN/GaN and InN/AlN [J]. Applied surface science, 1999, 147 (1/2/3/4): 134-139.

[13] HAN W, FAN S, LI Q, et al. Synthesis of gallium nitride nanorods through a carbon nanotube-confined reaction [J]. Science, 1997, 277 (5330): 1287-1289.

[14] 张艳雯, 毛兴武, 周建军, 等. 新一代绿色光源 LED 及其应用技术 [M]. 北京: 人民邮电出版社, 2008.

[15] MOTOKI K M K, OKAHISA T O T, MATSUMOTO N M N, et al. Preparation of large freestanding GaN substrates by hydride vapor phase epitaxy using GaAs as a starting substrate [J]. Japanese Journal of Applied Physics, 2001, 40 (2B): L140.

[16] ZHANG W, RIEMANN T, ALVES H R, et al. Modulated growth of thick GaN with hydride vapor phase epitaxy [J]. Journal of Crystal Growth, 2002, 234 (4): 616-622.

[17] CHENG G S, CHEN S H, ZHU X G, et al. Highly ordered nanostructures of single crystalline GaN nanowires in anodic alumina membranes [J]. Materials Science and Engineering: A, 2000, 286 (1): 165-168.

[18] HAN W, REDLICH P, ERNST F, et al. Synthesis of GaN-carbon composite nanotubes and GaN nanorods by arc discharge in nitrogen atmosphere [J]. Applied Physics Letters, 2000, 76 (5): 652-654.

[19] SHI W S, ZHENG Y F, WANG N, et al. Microstructures of gallium nitride nanowires synthesized by oxide-assisted method [J]. Chemical Physics Letters, 2001, 345 (5/6): 377-380.

[20] LI J Y, CHEN X L, QIAO Z Y, et al. Formation of GaN nanorods by a sublimation method [J]. Journal of Crystal Growth, 2000, 213 (3/4): 408-410.

[21] XU B S, ZHAI L Y, LIANG J, et al. Synthesis and characterization of high purity GaN nanowires [J]. Journal of Crystal Growth, 2006, 291 (1): 34-39.

[22] WAGNER R S, ELLIS W C. Vapor-liquid-solid mechanism of single crystal growth [J]. Applied Physics Letters, 1964, 4 (5): 89-90.

[23] WU Y, YANG P. Direct observation of vapor-liquid-solid nanowire growth [J]. Journal of the American Chemical Society, 2001, 123 (13): 3165-3166.

[24] CHEN P, WU X, LIN J, et al. Comparative studies on the structure and electronic properties of carbon nanotubes prepared by the catalytic pyrolysis of $CH_4$ and disproportionation of CO [J]. Carbon, 2000, 38 (1): 139-143.

［25］ YU D P, HANG Q L, DING Y, et al. Amorphous silica nanowires：Intensive blue light emitters ［J］. Applied Physics Letters, 1998, 73 （21）：3076-3078.

［26］ 王显明, 杨利, 王翠梅, 等. 氨化反应自组装 GaN 纳米线 ［J］. 稀有金属, 2003, 27 （6）：4.

［27］ GERALD W. The growth of mercury crystals from the vapor ［J］. Annals of the New York Academy of Sciences, 1957, 65 （5）：388-416.

［28］ 黄英龙. Au 催化 GaN 纳米线的制备与 Mg 掺杂研究 ［D］. 济南：山东师范大学, 2009.

［29］ 崔春娟, 张军, 刘林, 等. 场致发射阴极材料的研究进展 ［J］. 材料导报, 2009, 23 （11）：4.

［30］ FOWLER R H, NORDHEIM L. Electron emission in intense electric fields ［J］. Proceedings of the Royal Society of London. Series A, 1928, 119 （781）：173-181.

［31］ 刘学悫. 阴极电子学 ［M］. 北京：科学出版社, 1980.

［32］ 刘元震, 王仲春, 董亚强. 电子发射与光电阴极 ［M］. 北京：北京理工大学出版社, 1995.

［33］ 薛增泉, 吴全德. 电子发射与电子能谱 ［M］. 北京：北京大学出版社, 1993.

［34］ 承欢, 江剑平. 阴极电子学 ［M］. 西安：西北电讯工程学院出版社, 1986.

［35］ 刘恩科, 朱秉升, 罗晋生, 等. 半导体物理学 ［M］. 西安：西安交通大学出版社, 1998.

［36］ 叶凡. 几种宽带隙半导体材料的场发射特性研究 ［D］. 兰州：兰州大学, 2007.

# 2 P 掺杂 GaN 纳米线的制备及性能

GaN 的禁带宽度是 3.4eV，是一种直接宽带隙半导体材料，有稳定的化学和物理性质。另外，GaN 材料拥有低的功函数（4.1eV）和低的电子亲和势（2.7~3.3eV），并且具有高热导率等特点，GaN 的场发射阴极器件要比硅或者其他传统半导体拥有更长的寿命[1-2]。目前，不同形貌的 GaN 纳米微结构，例如纳米线，纳米棒，纳米管和纳米带等[3-5]采用不同的工艺都已经成功制备出来。

本章采用以 Pt 为催化剂的化学气相沉积法在 Si 衬底上合成出磷掺杂的 GaN 纳米线。首先，分别研究了氨化温度、氨化时间及氨气流量对磷掺杂 GaN 纳米线形貌的影响；然后在不同掺杂质量比条件下制备出磷掺杂 GaN 纳米线，对样品的形貌、成分和晶体结构进行了研究；最后选取出质量较好的样品进行场发射测试，研究其场发射性能。

## 2.1 实 验 原 料

利用 Pt 催化 CVD 法在 Si（111）衬底上制备出 P 掺杂的 GaN 纳米线，所使用的实验原料见表 2-1。

表 2-1 实 验 原 料

| 药品名称 | 化学式 | 含量 | 生产单位 |
|---|---|---|---|
| 氧化镓 | $Ga_2O_3$ | 99.999% | 国药集团化学试剂有限公司 |
| 红磷 | P | 99.99% | 国药集团化学试剂有限公司 |
| 氨气 | $NH_3$ | 99.99% | 陕西兴平化工厂 |
| 氮气 | $N_2$ | 99.999% | 陕西鑫康医用氧有限责任公司 |
| 浓硝酸 | $HNO_3$ | 分析纯 | 西安化学试剂厂 |
| 浓盐酸 | $HCl$ | 分析纯 | 西安化学试剂厂 |
| 去离子水 | $H_2O$ | 化学纯 | 西安理工大学理学院 |
| 酒精 | $C_2H_5OH$ | 分析纯 | 国药集团化学试剂有限公司 |
| 浓氨水 | $NH_3 \cdot H_2O$ | 分析纯 | 西安理工大学 |

## 2.2 衬底的处理

首先，按照常规清理方法对 Si 衬底进行处理，步骤如下：

（1）去蜡。把切割成 1cm×2cm 的 n 型 Si（111）放进浓硫酸和双氧水之比为 1∶1 的混合溶液中，然后煮沸 10min，取出后用去离子水进行冲洗数次。

（2）去除有机物。把 Si 片放入氨水、双氧水、去离子水之比为 1∶1∶6 混合溶液，在温度 80℃下，煮沸 15min，取出后去离子水冲洗。

（3）去除氧化物。将 Si 片浸入含有 10% 氢氟酸的溶液中，保持 15s，取出后用去离子水冲洗数次。

（4）去除无机物。配制双氧水、盐酸和去离子水之比为 1∶1∶6 的混合溶液，再把 Si 片放入其中，在 80℃条件下，煮沸保持 15min，取出后再用去离子水进行冲洗数次。

（5）把清洗好的 Si 衬底干燥以备用。

然后，运用高温热处理对衬底进行修饰：

（1）将单晶 Si 衬底按上述清洗方法清洗后，放入马弗炉中干燥；

（2）在 Si 衬底表面溅射一层 Pt 薄膜；

（3）把覆盖有 Pt 薄膜的 Si 衬底放在石英舟中，并将石英舟放入管式炉的中部，密封后加热，通入 300mL/min 的氮气 20min，目的为排除炉子中的空气，当温度上升至 1000℃后保持 10min，并通入氨气，氨气流量为 100mL/min，保持反应时间 10min，停止通入氨气后再通入 300mL/min 的 $N_2$ 20min 以排除残余氨气。

最后，自然降温至室温，得到均匀分布 Pt 纳米颗粒的 Si 衬底，如图 2-1 所示。

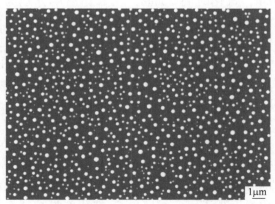

图 2-1 Pt 纳米颗粒在 Si 衬底上分布的 SEM 图

## 2.3　实验步骤及形貌分析

### 2.3.1　基本实验步骤

采用化学气相沉积（CVD）法，以 $Ga_2O_3$ 为 Ga 源，红磷为 P 源，以 $NH_3$ 为氮源制备 P 掺杂 GaN 纳米线，实验反应装置示意图如图 2-2 所示。主要实验步骤包括：（1）将覆盖有 Pt 纳米颗粒的 Si 衬底放入石英舟中，在距离 Si 衬底大约 1cm 处放置 Ga 源；（2）将石英舟放入管式电阻炉的中间恒温区，使 Ga 源和 P 源处于气流的上游；（3）升温开始时，先通入 300mL/min 的 $N_2$ 30min 以排除空气，在温度升高至生长温度时，通入一定流量的 $NH_3$，并保持一定生长时间；（4）反应完成后使温度降到 700℃再保持 30min；（5）自然降温至室温，收集产物。

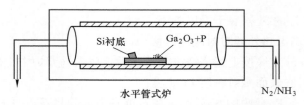

图 2-2　制备 P 掺杂 GaN 纳米线的装置示意图

### 2.3.2　不同氨化温度对 P 掺杂 GaN 纳米线形貌的影响

以 0.2g $Ga_2O_3$ 为 Ga 源，0.01g 红磷为 P 源，掺杂质量比为 1：20，氨气流量设置为 300mL/min，氨化时间 20min，在氨化温度分别为 1000℃、1050℃、1100℃的条件下制得一组样品。

用场发射扫描电子显微镜分别对样品形貌进行表征，结果如图 2-3 所示，放大倍数均为 20000 倍。图 2-3（a）中，氨化温度为 1000℃条件下制备的 GaN 纳米线长度约为几微米，且粗细不均匀，存在大量弯曲 GaN 纳米线；图 2-3（b）中，氨化温度为 1050℃条件下制备的 GaN 纳米线比较平直，长度达几十微米，粗细比较均匀，直径约为 80nm，且纳米线表面比较光滑，GaN 纳米线密度较大；图 2-3（c）中，GaN 纳米线表面比较光滑，纳米线粗细不均匀，存在大量直径较大的纳米线，这是由于样品的生长温度相对较高，分子活性较强，分解速率也较快，从而促使 GaN 纳米线生长速度加快。催化剂的颗粒大小决定了 GaN 纳米线的粗细程度，氨化温度越高，Si 衬底的 Pt 催化剂颗粒越容易发生团聚效应，导致 GaN 纳米线的生长点面积增加，从而越容易生长直径大的 GaN 纳米线。通过分析对比可知，氨化温度为 1050℃时，生长的 GaN 纳米线形貌相对较好。

(a)　　　　　　　　　　　　　　　　　(b)

(c)

图 2-3　不同氨化温度条件下制备的 P 掺杂 GaN 纳米线

（a）1000℃；（b）1050℃；（c）1100℃

另外，从图 2-3 中可以看出，三个样品中 GaN 纳米线都均匀分布在 Si 衬底上。GaN 纳米线顶端都存在 Pt 催化剂颗粒，说明纳米线的生长遵循 VLS 机制。

### 2.3.3　不同氨化时间对 P 掺杂 GaN 纳米线形貌的影响

以 0.2g Ga$_2$O$_3$ 为 Ga 源，0.01g 红磷为 P 源，掺杂质量比为 1∶20，氨化温度为 1050℃，氨气流量设置为 300mL/min，保持氨化时间分别为 10min、20min、30min，三个条件下制得一组样品。

对不同氨化时间条件下制备的样品分别进行场发射扫描电镜表征，结果如图 2-4 所示，放大倍数均为 20000 倍。通过形貌分析发现：如图 2-4（a）所示，氨化时间为 10min 合成的 GaN 纳米线长度约为几微米，存在大量弯曲纳米线，且粗细不均一；如图 2-4（b）所示，氨化时间为 20min 合成的 GaN 纳米线表面比较平直，长度达几十微米，粗细比较均匀，且纳米线表面比较光滑；图 2-4（c）为氨化时间为 30min 合成的 GaN 纳米线，相比于图 2-4（b），该样品中 GaN 纳米线直径较大，直径约为 100nm。

图 2-4　不同氨化时间条件下制备的 P 掺杂 GaN 纳米线

（a）10min；（b）20min；（c）30min

因此随着氨化时间的增加，导致纳米线会继续吸附堆积 GaN 分子，从而使纳米线直径和长度增加。通过对比可知，氨化时间为 20min，生长的纳米线形貌相对较好。另外，通过观察发现，三个样品中 GaN 纳米线顶端均存在 Pt 催化剂颗粒，说明纳米线的生长遵循 VLS 机制。

### 2.3.4　不同氨气流量对 P 掺杂 GaN 纳米线形貌的影响

以 0.2g Ga$_2$O$_3$ 为 Ga 源，0.01g 红磷为 P 源，掺杂质量比为 1:20，氨化温度为 1050℃，氨化时间为 20min，设置氨气流量分别为 200mL/min，300mL/min，400mL/min 的条件下制得一组样品。

对不同氨气流量条件下制备的一组样品分别进行场发射扫描电镜表征，结果如图 2-5 所示，放大倍数均为 20000 倍。通过形貌分析发现：如图 2-5（a）所示，氨气流量为 200mL/min 时，在 Si 衬底上制备的 GaN 纳米线密度相对较小，纳米线长度相对较短，GaN 纳米线顶端有明显的催化剂颗粒；氨气流量为 300mL/min 时，如图 2-5（b）所示，GaN 纳米线在衬底上的密度增加，纳米线直径和长度都相对增加；氨气流量为 400mL/min 时，如图 2-5（c）所示，制备出的 GaN 纳米线粗细不均匀，纳米线发生严重的团聚现象，衬底上纳米线的密度增加。

图 2-5　不同氨气流量条件下制备的 P 掺杂 GaN 纳米线

（a）200mL/min；（b）300mL/min；（c）400mL/min

因此，随着氨气流量增大，N 源增加，较多的 Ga 源参与反应，导致衬底上纳米线密度增加。氨气流量为 300mL/min 时，衬底上纳米线密度和形貌相对较好。

## 2.3.5　不同浓度 P 掺杂对 GaN 纳米线形貌的影响

设置氨化温度为 1050℃，氨化时间为 20min，氨气流量为 300mL/min，以

0.2g $Ga_2O_3$ 为 Ga 源，分别以 0.006g、0.01g、0.02g 红磷为 P 源，掺杂质量比分别为 1：30、1：20、1：10 的条件下制备出一组样品。

使用扫描电子显微镜对不同掺杂浓度的 GaN 纳米线表面形貌进行了观察，结果如图 2-6 所示，放大倍数均为 20000 倍。从图 2-6（a）中可以看出，掺杂质量比为 1：30 时，纳米线的直径在 80~100nm 之间，长度约为几十微米，纳米线表面光滑；图 2-6（b）为掺杂质量比为 1：20 时制备出的纳米线，与图 2-6（a）相比 GaN 纳米线表面形貌相似，有可能是因为 P 元素进入纳米线的比例很小，对纳米线的形貌没有较大影响；图 2-6（c）为掺杂质量比为 1：10 时制备出的 GaN 纳米线，与图 2-6（b）相比，可以看出，该 GaN 纳米线直径也在 80~100nm 之间，但纳米线表面粗糙，长度相对较短，这有可能是因为纳米线中 P 元素含量比较大，促使纳米线表面变得粗糙。另外，也可以看到纳米线表面附着纳米颗粒。

(a)　　　　　　　　　　　　　　(b)

(c)

图 2-6　不同掺杂质量比条件下制备的 P 掺杂 GaN 纳米线

(a) 1：30；(b) 1：20；(c) 1：10

# 2.4　P 掺杂 GaN 纳米线的物相分析

### 2.4.1　纯净 GaN 纳米线的物相分析

为了进行对比分析，首先给出纯净 GaN 纳米线的 EDS 能谱、元素的质量分数及 XRD 图谱如图 2-7 所示。成分分析结果表明，纯净 GaN 纳米线中仅含有 N、Ga 两种元素。

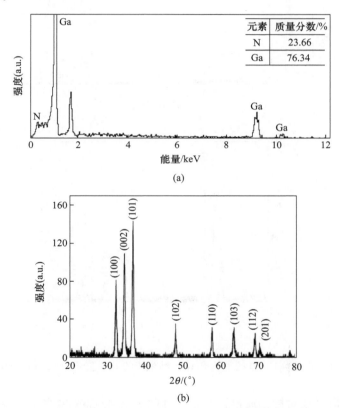

(a)

(b)

图 2-7　纯净 GaN 纳米线的 EDS 能谱（a）和 XRD 图谱（b）

用 XRD 衍射仪对纯净 GaN 纳米线样品进行成分表征，样品的 X 射线衍射谱图如图 2-7（b）所示，图中(100)(002)(101)(102)(110)(103)(112)(201)衍射峰与标准卡上六方纤锌矿结构 GaN 的衍射峰符合，说明所制样品是 GaN 的六方纤锌矿结构。另外，从图中可以看出，GaN 纳米线沿（101）方向的衍射峰最强，所以大部分纳米线都是沿（101）面择优生长的，并且具有良好的结晶度。

### 2.4.2　掺杂源比例为 1∶30 的 P 掺杂 GaN 纳米线的物相分析

掺杂质量比为 1∶30 的 P 掺杂 GaN 纳米线的 EDS 能谱、元素的质量分数及 XRD 图谱如图 2-8 所示。成分分析结果表明，纳米线中含有 N、Ga、P 三种元素，并且 P 元素的质量分数为 1.17%，摩尔分数为 1.39%。

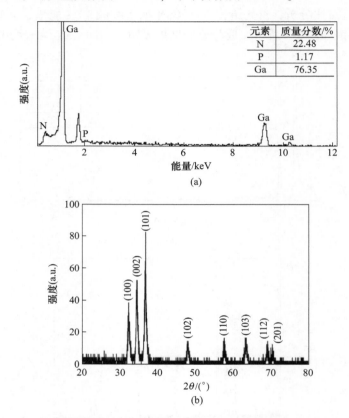

图 2-8　掺杂质量比为 1∶30 的 P 掺杂 GaN 纳米线的 EDS 能谱（a）和 XRD 图谱（b）

用 XRD 衍射仪对掺杂质量比为 1∶30 的 P 掺杂 GaN 纳米线样品进行结构表征，样品的 X 射线衍射谱图如图 2-8（b）所示，图中样品的（100）（002）（101）（102）（110）（103）（112）（201）衍射峰与标准卡上六方纤锌矿结构 GaN 的衍射峰符合，说明所制样品是 GaN 的六方纤锌矿结构。

与纯净 GaN 纳米线样品的 XRD 图谱进行对比，发现掺杂质量比为 1∶30 的 P 掺杂 GaN 纳米线的 XRD 图谱中衍射峰强度明显降低，衍射峰的半高宽要比掺杂前有一定程度展宽，表明了掺杂后 GaN 纳米线的结晶性发生了改变，这有可能是由于在 GaN 纳米线生长过程中，P 原子替代了 GaN 晶格中的部分原子，实现了晶格掺杂，但也有可能生成了 P 的化合物，却因为含量太少而无法检测出来。从图中可以看出，纳米线沿（101）方向的衍射峰最强，所以大部分纳米线都是沿（101）面择优生长的。

### 2.4.3 掺杂质量比为 1∶20 的 P 掺杂 GaN 纳米线的物相分析

掺杂质量比为 1∶20 的 P 掺杂 GaN 纳米线的 EDS 能谱、元素的质量分数及 XRD 图谱如图 2-9 所示。成分分析结果表明，纳米线中含有 N、Ga、P 三种元素，并且 P 元素的质量分数为 3.91%，摩尔分数为 4.01%。

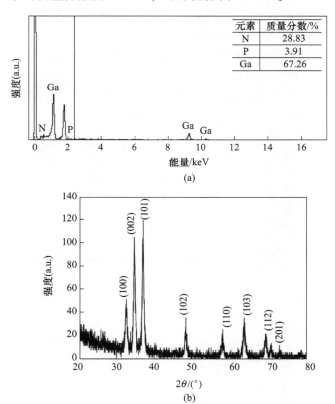

| 元素 | 质量分数/% |
|---|---|
| N | 28.83 |
| P | 3.91 |
| Ga | 67.26 |

图 2-9　掺杂质量比为 1∶20 的 P 掺杂 GaN 纳米线的 EDS 能谱（a）和 XRD 图谱（b）

用 XRD 衍射仪对掺杂质量比为 1∶20 的 P 掺杂 GaN 纳米线样品进行结构表征，样品的 X 射线衍射图谱如图 2-9（b）所示，图中样品的（100）（002）（101）（102）（110）（103）（112）（201）衍射峰与标准卡上六方纤锌矿结构 GaN 的衍射峰符合，说明所制样品是 GaN 的六方纤锌矿结构。

与纯净 GaN 纳米线样品的 XRD 图谱进行对比，发现掺杂源比例为 1∶20 的

P 掺杂 GaN 纳米线的 XRD 图谱中衍射峰强度降低，掺杂后的 GaN 纳米线的衍射峰半高宽要比掺杂前有一定程度展宽，表明了掺杂后 GaN 纳米线的结晶性发生了改变，这有可能是因为 P 原子替代了 GaN 晶格中的部分原子，导致晶格畸变。另外，从图中可以看出，纳米线沿（101）方向的衍射峰最强，所以大部分纳米线都是沿（101）面择优生长的。

### 2.4.4  掺杂质量比为 1 : 10 的 P 掺杂 GaN 纳米线的物相分析

掺杂质量比为 1 : 10 的 P 掺杂 GaN 纳米线的 EDS 能谱、元素的质量分数及 XRD 图谱如图 2-10 所示。成分分析结果表明，纳米线中含有 N、Ga、P 三种元素，并且 P 元素的质量分数为 10.02%，摩尔分数为 10.11%。

用 XRD 衍射仪对掺杂源比例为 1 : 10 的 P 掺杂 GaN 纳米线样品进行结构表征，样品的 X 射线衍射谱图如图 2-10（b）所示，图中样品的（100）（002）（101）（102）（110）（103）（112）（201）衍射峰与标准卡上六方纤锌矿结构 GaN 的衍射峰符合，说明所制样品是 GaN 的六方纤锌矿结构。

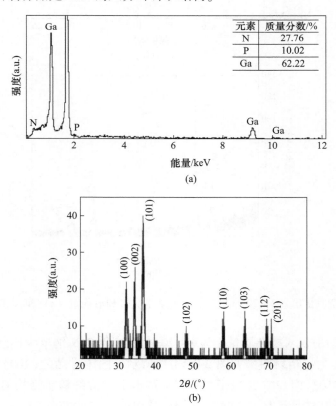

| 元素 | 质量分数/% |
| --- | --- |
| N | 27.76 |
| P | 10.02 |
| Ga | 62.22 |

(a)

(b)

图 2-10　掺杂质量比为 1 : 10 的 P 掺杂 GaN 纳米线的 EDS 能谱（a）和 XRD 图谱（b）

与纯净 GaN 纳米线样品的 XRD 图谱进行对比，发现掺杂源比例为 1：10 的 P 掺杂 GaN 纳米线的 XRD 图谱比较毛糙，这可能是由于掺杂浓度过大，纳米线表面附着纳米颗粒所引起的。另外，与纯净 GaN 纳米线样品的 XRD 图谱进行对比，掺杂后 GaN 纳米线的 XRD 图谱中衍射峰强度明显降低，衍射峰半高宽要比掺杂前有一定程度展宽，表明了掺杂后 GaN 纳米线的结晶性发生了改变，这有可能是因为 P 原子的掺杂导致晶格发生畸变。从图中可以看出，纳米线沿（101）方向的衍射峰最强，所以大部分纳米线都是沿（101）面择优生长的。

## 2.5  P 掺杂 GaN 纳米线的性能

室温下，在超高真空测试设备中对 P 掺杂 GaN 纳米线样品进一步进行场发射测试。实验中控制真空度为 $3.8 \times 10^{-4}$ Pa。制备的 P 掺杂 GaN 纳米线为场电子发射的阴极，ITO 导电玻璃作为接收发射电子的阳极，阳极和阴极之间采用绝缘的聚四氟乙烯隔离，相应的聚四氟乙烯的厚度（120μm）即为电极间距。第 1 章中已经叙述一般采用 Fowler-Nordheim（F-N）方程来描述材料的场发射特性，公式如下：

$$J = (A\beta^2 E^2 / \varphi) \exp[-B\varphi^{3/2}/(\beta E)] \tag{2-1}$$

式中　$A$——$1.54 \times 10^{-6}$ A · eV/（V · cm）；

　　　$B$——$6.83 \times 10^3$ V/（eV$^{3/2}$ · μm）；

　　　$J$——电流密度；

　　　$\beta$——几何增强因子；

　　　$\varphi$——电子发射功函数。上式可化为：

$$\ln \frac{J}{E^2} = \frac{-B\varphi^{3/2}}{\beta} \cdot \frac{1}{E} - \ln \frac{\varphi}{A\beta^2} \tag{2-2}$$

以 1/E 为横坐标，$\ln(J/E^2)$ 为纵坐标得到场发射 F-N 曲线图。由式（2-2）可知，假设样品的功函数一定，F-N 拟合曲线斜率可以间接反映样品场增强因子 $\beta$ 的大小。

图 2-11（a）为样品场发射测试的 J-E 曲线，图 2-11（b）为 F-N 曲线图。强电场作用下的线性变化说明电子的发射是由于量子隧穿效应产生的。定义电流密度达 100μA/cm$^2$ 时的电场为开启电场，则所制样品的开启电压为 6.2V/μm。与以往纯净 GaN 直纳米线的场发射性能相比，该实验所制备的 P 掺杂 GaN 纳米线能够满足场发射器件的应用条件。

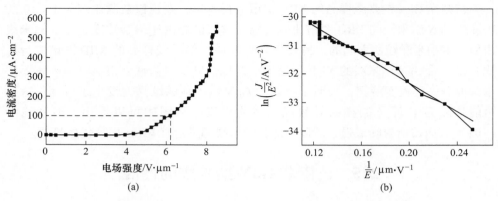

图 2-11　P 掺杂 GaN 纳米线的场发射测试 $J$-$E$ 曲线（a）和 F-N 曲线（b）

## 2.6　P 掺杂 GaN 纳米的生长机制分析

从样品的 SEM 图中可以看到纳米线顶端存在催化剂纳米颗粒，说明在这种条件下制备的 P 掺杂 GaN 纳米线是以 VLS 机制生长的。在 GaN 纳米线生长过程中，高温下 $NH_3$ 分解成 $NH_2$、NH、$H_2$ 和 N 原子。Pt 纳米颗粒形成小液滴，为吸收气相反应物提供了成核点；另外，高温下的 P 源为气相态，$NH_3$ 分解生成的 $H_2$ 和 $Ga_2O_3$ 发生反应，并生成气相的 $Ga_2O$，在 $Ga_2O$ 与 $NH_3$ 反应生成 GaN 的过程中，P 原子有可能替代 N 原子或者 Ga 原子，从而形成 P 掺杂 GaN 纳米线，基本的反应方程式如下：

$$2NH_3(g) \longrightarrow N_2(g) + 3H_2(g) \quad (T > 800℃) \quad (2\text{-}3)$$

$$Ga_2O_3(g) + 2H_2(g) \longrightarrow Ga_2O(g) + 2H_2O(g) \quad (T > 800℃) \quad (2\text{-}4)$$

$$Ga_2O(g) + 2NH_3(g) \longrightarrow 2GaN(s) + 2H_2(g) + H_2O(g) \quad (2\text{-}5)$$

气相磷源、$NH_3$ 及气相 $Ga_2O$ 溶入 Pt 液滴形成 Pt-Ga-N-P 合金液滴，随着磷源不断溶入 Pt 液滴，Pt-Ga-N-P 合金达到饱和，GaN 从 Pt-Ga-N 合金中析出，形成包含 P 元素杂质的 GaN 晶核，随着氨化过程的进行，GaN 不断饱和析出，从而形成 P 掺杂纳米线。同时，纳米线的顶端就会存在催化剂颗粒。

本章采用以 Pt 为催化剂的化学气相沉积（CVD）法在 Si 衬底上制备出磷掺杂 GaN 纳米线。分别研究了氨化温度、氨化反应时间及氨气流量大小对 P 掺杂 GaN 纳米线形貌的影响，随后对不同掺杂质量比条件下制备出的 P 掺杂 GaN 纳米线形貌、成分和晶体结构进行了研究，选取出较好质量的 P 掺杂 GaN 纳米线并对其进行场发射测试，分析了场发射性能。得到的主要结论如下：

（1）通过分析氨化温度、氨化反应时间及氨气流量大小对 P 掺杂 GaN 纳米线形貌的影响，得到氨化温度和氨化反应时间均会对 P 掺杂 GaN 纳米线的长度和粗细产生影响，氨气流量的大小影响衬底上 P 掺杂 GaN 纳米线密度。

（2）通过研究不同掺杂质量比条件下制备出的 P 掺杂 GaN 纳米线形貌、成分和晶体结构，得到 P 掺杂质量比很小时对纳米线形貌影响很小，但随着掺杂比例增加，会使纳米线的表面变得粗糙，并改变纳米线的结晶性。

（3）通过对质量较好的 P 掺杂 GaN 纳米线进行场发射测试，可知 P 杂质的引入可以改善纳米线的场发射特性。

（4）实验制备的 P 掺杂 GaN 纳米线生长遵循 VLS 机制。

## 参 考 文 献

［1］ I I JIMA S. Helical microtubules of graphitic carbon ［J］. Nature, 1991, 354 （6348）: 56-58.

［2］ HADDON R C. Carbon nanotubes ［J］. Accounts of Chemical Research, 2002, 35 （12）: 997.

［3］ XIANG X, CAO C, HUANG F, et al. Synthesis and characterization of crystalline gallium nitride nanoribbon rings ［J］. Journal of Crystal Growth, 2004, 263 （1/2/3/4）: 25-29.

［4］ JIAN J K, CHEN X L, TU Q Y, et al. Preparation and optical properties of prism-shaped GaN nanorods ［J］. The Journal of Physical Chemistry B, 2004, 108 （32）: 12024-12026.

［5］ YIN L W, BANDO Y, ZHU Y C, et al. Indium-assisted synthesis on GaN nanotubes ［J］. Applied Physics Letters, 2004, 84 （19）: 3912-3914.

# 3  Te 掺杂 GaN 纳米线的制备及性能

GaN 材料是一种优异的宽禁带半导体材料，由于其具有优良的光电特性，受到科技工作者的广泛关注。众所周知，GaN 材料具有低电子亲和势、高熔点、高热导率和高载流子迁移率的特点，因此非常适合作为场发射阴极材料应用于真空微电子器件。许多研究者采用不同的方法改进 GaN 纳米材料的场发射性能，例如，改变其形貌、对其进行掺杂或者包覆。本书主要研究通过 Te 掺杂优化 GaN 纳米线的场发射性能。

## 3.1  实验方法及设备

近年来，气相-模板合成法[1]、气-液-固合成法[2]、氧化辅助合成法[3]等技术先后应用于制备高质量 GaN 纳米线。其中，气-液-固合成法是一种非常通用的，并且一直以来备受众多研究者关注的方法，其合成机理可以解释为：高温下，气态反应物不断溶解进液态的纳米液滴当中，当液滴达到饱和状态时，在其表面就会析出纳米晶核，这样，产物就会沿着纳米晶核中表面能最小的晶面生长，在催化剂液滴的引导束缚下，形成一维纳米材料。比较有代表性的气-液-固合成法有激光辅助催化法、催化剂存在下的化学气相沉积法及自催化气-液-固合成法。

本章中采用催化剂存在下的化学气相沉积法制备 Te 掺杂 GaN 纳米线，此工艺制备过程简单，得到的产物纯度及形貌较好，常常成为研究者们的首选方法。试验中将按化学计量比称取的高纯 $Ga_2O_3$ 粉、Te 粉均匀混合后放入石英舟中，并且把 Si 衬底同时放入石英舟中，把石英舟放入管式炉中，高温通 $NH_3$ 反应形成掺杂型 GaN 纳米线。

实验过程中除了主要的反应装置管式炉外，还使用到的仪器有：氨气减压阀和氮气减压阀（控制气体压强）、氨气流量计和氮气流量计（控制气体流量）、电子天平（称 $Ga_2O_3$ 和 Te 粉末质量）、超声波清洗器（清洗硅衬底和石英舟）及马弗炉（干燥衬底和石英舟）。使用到的药品有：氧化镓（$Ga_2O_3$，99.999%）、氨气（$NH_3$，99.99%）、碲粉（Te，99.999%）及浓硝酸、浓盐酸、浓硫酸、浓氨水、酒精、氢氟酸、双氧水、去离子水。

# 3.2 实 验 过 程

本章实验采用单晶硅片（Si）作衬底来制备 GaN 纳米线薄膜，因为 Si 材料具有良好的热稳定性和物理性质，并且相比于 SiC 衬底，Si 衬底加工出来的成品价格便宜，相比于蓝宝石衬底，Si 衬底具有较好的导电性，而且，目前在光电器件和微电子集成方面，Si 具有非常明显的优势。虽然 Si 材料与 GaN 材料间存在热失配和晶格失配，但是多年来科学工作者们对 Si 衬底保持很大的兴趣，通过不断的研究，现在已经可以成熟地在 Si 衬底上制备 GaN 纳米线了。因此，实验中采用单晶 Si 片作为衬底，采用 Pt 纳米颗粒作为催化剂，使用化学气相沉积法，基于气-液-固生长机制制备 Te 掺杂 GaN 纳米线，使用的衬底与上一章相同。

该实验采用化学气相沉积法，使用前述退火后的 Si 片作为衬底，以高纯 $Ga_2O_3$ 粉（99.999%）、Te 粉（99.999%）和 $NH_3$（99.99%）作为起始反应原料，基于 VLS 生长机制，在高温管式炉中制备 Te 掺杂 GaN 纳米线。设计了两组实验制备方案，分别通过改变反应源中 Te 粉比例、反应温度来控制生长 Te 掺杂 GaN 纳米线，寻找最优反应源比例和最佳生长温度，然后对所制备的物相及形貌较好的不同浓度 Te 掺杂 GaN 纳米线样品测试场发射特性，探讨 Te 杂质对 GaN 纳米线场发射性能的影响。

两组制备方案见表 3-1。第一组实验分别使用质量比为 5：1 与 10：1 的 $Ga_2O_3$ 和 Te 混合粉末作为反应源，氨气流量为 200mL/min，反应时间为 30min，在 1050℃下生长纳米线；第二组实验是基于第一组实验，固定 $Ga_2O_3$ 和 Te 质量比为 10：1，氨气流量为 200mL/min，反应时间为 30min，改变反应温度为 1000℃和 950℃生长 Te 掺杂 GaN 纳米线。通过两组实验对比，可以找出反应源中 Te 粉比例及反应温度对 Te 掺杂 GaN 纳米线生长的影响。

**表 3-1　实验方案**

| 制备方案 | 样品 | 反应时间 /min | $NH_3$ 流量 /mL·min$^{-1}$ | $Ga_2O_3$ 质量/g | Te 质量/g | 质量比 | 反应温度 /℃ |
|---|---|---|---|---|---|---|---|
| 方案一 | 1 | 30 | 200 | 0.2 | 0.04 | 5：1 | 1050 |
| | 2 | 30 | 200 | 0.2 | 0.02 | 10：1 | 1050 |
| 方案二 | 3 | 30 | 200 | 0.2 | 0.02 | 10：1 | 1000 |
| | 4 | 30 | 200 | 0.2 | 0.02 | 10：1 | 950 |

由于 Te 单质可以在空气中燃烧生成 $TeO_2$，而该实验的反应温度在 1000℃左右，所以密闭的管式炉升温前必须排除空气，以免在反应前 Te 粉被氧化。空气排出后，以每分钟 10℃的升温速率升温到反应温度，然后通氨气 30min，流量设

置为 200mL/min，反应结束后，在 Si 衬底上会得到所需要的 Te 掺杂 GaN 纳米线薄膜。纳米线生长过程可以简单描述如下：高温情况下，$NH_3$ 分解产生 $H_2$，$H_2$ 还原 $Ga_2O_3$ 生成中间产物 $Ga_2O$ 和少量金属 Ga，$Ga_2O$ 和 Ga 在高温下蒸发成气态，同时 Te 单质在反应温度下也是气态，这样，气态的 $Ga_2O$、Ga 和 Te 会随着 $NH_3$ 气流运动到衬底上溶解进 Pt 液滴中，在 Pt 液滴中 $Ga_2O$/Ga 与 $NH_3$ 反应生成 GaN，随着 GaN 量的增加，从 Pt 液滴中饱和析出形成 GaN 晶核，依托初始晶核，并且受到催化剂颗粒大小的束缚，GaN 以一定的晶向生长成纳米线，由于有 Te 原子的存在，生长过程中 Te 原子会以杂质的形态进入 GaN 纳米线中，形成 Te 掺杂 GaN 纳米线。

# 3.3　样品的表征与分析

### 3.3.1　样品的表征方法

对实验所制备的样品做 XRD、SEM 及 EDS 表征，分析所制备样品的物相组成及形貌特征，确定了所制备的样品为 Te 掺杂的 GaN 纳米线，进而利用 Raman 光谱分析了 Te 掺杂后 GaN 纳米线晶格振动模式发生的变化。

### 3.3.2　$Ga_2O_3$ 和 Te 质量比对纳米线的影响

基于作者课题组制备纯 GaN 纳米线的实验条件，设计方案如下：固定反应温度为 1050℃，氨气流量为 200mL/min，反应时间为 30min，改变反应源 $Ga_2O_3$ 和 Te 的质量比，探索所制备的 Te 掺杂 GaN 纳米线的物相组成及表面形貌，寻找合适的掺杂反应源比例。

图 3-1 所示为反应源 $Ga_2O_3$ 和 Te 质量比为 5∶1（样品 1）及 10∶1（样品 2）所制备样品的 XRD 图谱。图 3-1（a）是质量比为 5∶1 的 XRD 图谱，图中发现了 9 条明显的六方纤锌矿 GaN 特征衍射峰，分别处于 $2\theta$ 为 32.375°、34.517°、36.817°、48.047°、57.746°、63.355°、67.775°、69.045°和 70.474°位置处，根据峰位计算出所得 GaN 纳米线晶格常数为 $a=b=0.3190$nm、$c=0.5193$nm；此外，在 $2\theta=56.045$°处发现了一个微弱的区别于纤锌矿 GaN 的衍射峰，通过对比 PDF 卡片（卡片编号为 65-2835）后发现，此峰是由四方晶系的变形金红石结构 $TeO_2$（$\gamma$-$TeO_2$）的（213）晶面衍射而得到的；在 $2\theta=40.208$°处有一个 $PtO_2$（101）晶面衍射峰，是衬底上 Pt 催化剂与 O 原子结合而成。图 3-1（b）是质量比为 10∶1 的 XRD 图谱，图中只观察到了 9 条明显的六方纤锌矿 GaN 特征衍射峰，分别处于 $2\theta$ 为 32.232°、34.477°、36.680°、47.914°、57.473°、63.212°、67.443°、68.774°和 70.142°位置处，计算出所得 GaN 纳米线晶格常数为 $a=b=0.3204$nm、

$c=0.5198$nm。已知，六方纤锌矿 GaN 标准 PDF 卡片（卡片编号为 50-0792）中的晶格常数是 $a=b=0.3189$nm、$c=0.5186$nm，特征峰位分别处于 $2\theta$ 为 $32.387°$、$34.562°$、$36.852°$、$48.076°$、$57.774°$、$63.447°$、$67.809°$、$69.101°$ 和 $70.508°$ 位置处，通过对比样品与标准卡片，发现所制备的两个样品的 X 射线衍射峰都发生了左移，导致计算出来的晶格常数都大于标准值，说明所制备的 GaN 纳米线晶胞发生了膨胀；对比样品 1 与样品 2，还发现样品 2 的晶格常数大于样品 1，说明样品 2 的 GaN 纳米线晶胞膨胀较严重。

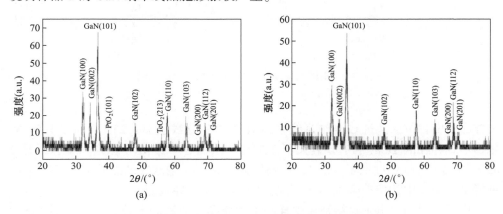

图 3-1　不同反应源质量比纳米线的 XRD 图谱
（a）样品 1；（b）样品 2

图 3-2 所示为反应源 $Ga_2O_3$ 和 Te 质量比为 5∶1 及 10∶1 所制备样品的 X 射线能量色散谱（EDS）及纳米线中各元素含量，由于制备样品使用的是 Si 衬底，所以能量色散谱中会有 Si 的峰出现。图 3-2（a）是样品 1 的 EDS 图谱，图中表格显示 GaN 纳米线样品中 Te 的摩尔分数是 3.96%，说明样品中有 Te 原子存在，如果 Te 原子替位掺杂 GaN 纳米线，那么所得到的样品应该还保持六方纤锌矿 GaN 物相，由于杂质原子与被替代原子的半径之差，会使晶格常数发生变化，体现在 XRD 图谱中会出现特征峰位的偏移，结合样品 1 的 XRD 图谱分析，可以确定样品 1 中 Te 原子以两种形式存在，一种是 $TeO_2$ 氧化物形式，一种是替位掺杂 GaN 的形式，因此，得出了样品 1 的 GaN 纳米线晶胞膨胀的原因是 Te 原子替位掺杂（Te 原子半径大于 N 和 Ga 原子）。图 3-2（b）是样品 2 的 EDS 能谱，从图中可以看出样品 2 中含有 Te 元素，且 Te 的摩尔分数是 1.25%，结合 XRD 图谱中没有杂峰出现，可以确定样品 2 中 Te 原子全部以替位方式掺杂进 GaN 纳米线中，使得 GaN 晶胞膨胀，晶格常数增大。

经过 XRD 分析，可以得出结论：样品 2 晶胞膨胀大于样品 1，说明样品 2 中替位掺杂的 Te 原子含量大于样品 1，这样通过对比两个样品中 Te 的含量可以得

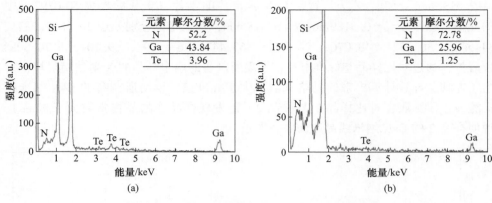

图 3-2　不同反应源质量比纳米线的 EDS 能谱
(a) 样品 1；(b) 样品 2

出样品 1 中替位掺杂进 GaN 纳米线中的 Te 的摩尔分数小于 1.25%，而以 TeO$_2$ 氧化物形式存在的 Te 的摩尔分数大于 2.71%。由图 3-1 的 XRD 图谱可知，样品 2 的 X 射线衍射峰强度低于样品 1，说明样品 2 的 GaN 纳米线结晶质量低于样品 1，可能是样品 2 中替位掺杂 Te 原子含量大于样品 1 所导致的。

　　用场发射扫描电子显微镜观察样品 1 和样品 2 的表面形貌，结果如图 3-3 所示。图 3-3 (a) 是样品 1 在放大倍率为 6000 倍时的 SEM 图，从图中可以发现 Si 衬底表面覆盖了大量 GaN 纳米线，且纳米线不规则地沿各个方向平铺在 Si 衬底上，纳米线较平直，但整体分布不均匀，直径变化范围是 30~150nm，长度为 10~15μm；同时，在图 3-3 (a) 中还发现部分片状结晶物夹杂在纳米线薄膜中，进一步放大观察倍率观察样品 1，如图 3-3 (b) 所示。在图 3-3 (b) 中，看到了纳米线端部有 Pt 圆球颗粒存在 (如图中黑色方框处所示)，这确定了 GaN 纳米线是遵循 VLS 机制生长的；进一步发现在图 3-3 (a) 中观察到的片状结晶物是从 GaN 纳米线侧面生长出来的，呈现不规则的三角形或者四边形。结合样品 1 的 XRD 图谱和 EDS 能谱分析得出的结果，对纳米线侧面片状结晶可能的形成原因分析如下：制备样品 1 时，所使用的反应源 Ga$_2$O$_3$ 和 Te 质量比为 5∶1，使得在反应过程中 Te 单质的含量过剩，反应初期，随着 GaN 纳米线成核生长，部分 Te 原子随气流运动掺杂进 GaN 纳米线中，但是随着反应的继续，过量的 Te 原子就会与 O 原子结合生成 TeO$_2$ 氧化物，这些 TeO$_2$ 也会随着气流运动吸附在 GaN 纳米线表面，随着反应继续，TeO$_2$ 堆积成核后吸附 GaN 分子，使得 GaN 从纳米线表面不规则地生长成片状结构。因此，可以认为样品 1 中的 GaN 纳米线中有 Te 替位杂质原子存在，同时，Te 原子还以 TeO$_2$ 的形式吸附在纳米线侧面所形成的 GaN 纳米晶片上。

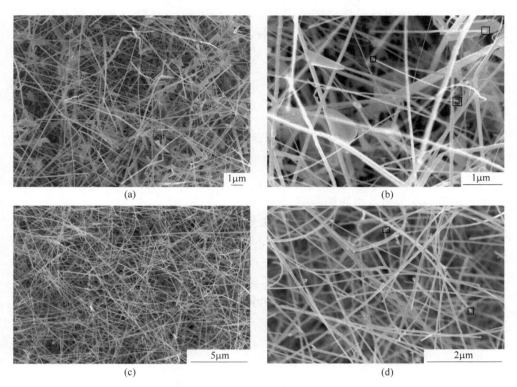

图 3-3 不同质量比、不同放大倍率的 SEM 图

（a）样品 1，×6000；（b）样品 1，×20000；（c）样品 2，×6000；（d）样品 2，×20000

图 3-3（c）是样品 2 在放大倍率为 6000 倍时的 SEM 图，从图中没有发现类似于样品 1 的部分片状结晶出现，只有大面积的线状 GaN 不规则地交织平铺在 Si 衬底上，长度为 10~15μm。进一步放大到 20000 倍，如图 3-3（d）所示，观察到 GaN 纳米线表面光滑，直径范围为 30~100nm，整体粗细不是很均匀，但是单根纳米线粗细均匀；同样在纳米线端部发现了 Pt 纳米颗粒的存在，说明纳米线形成遵循 VLS 机制，之所以造成纳米线粗细变化范围很大，可能是由于衬底上制备的 Pt 催化剂颗粒在高温下发生再次融合团聚，形成较大的催化剂颗粒，这样不同大小的催化剂颗粒就会生长出直径大小不一的纳米线。在实验方案二中，低温下制备的 GaN 纳米线粗细均匀程度就比样品 2 好，说明低温下催化剂不会发生再次融合，不会导致纳米线直径大小不一。通过两个样品的 SEM 图对比，发现样品 2 中只有 Te 掺杂 GaN 纳米线存在，整体密度分布均匀，且单根纳米线表面比样品 1 光滑，长径比较大，而样品 1 中引进了 $TeO_2$ 杂质，同时还有片状 GaN 结晶生成，纯度和形貌都较差。

通过实验方案一分析，得出的结论为：$Ga_2O_3$ 和 Te 质量比为 10：1 时制备的 Te 掺杂 GaN 纳米线晶体结构、表面形貌优于质量比为 5 : 1 时所制备的 GaN 纳米线，同时质量比为 10 : 1 时制备的样品可以保证 GaN 纳米线中有 Te 原子的替位掺杂，且不会有 Te 单质或者是 Te 的其他化合物杂质的出现，所制备的 Te 掺杂 GaN 纳米线纯度较高。

### 3.3.3 反应温度对纳米线的影响

根据方案一的对比分析可知，$Ga_2O_3$ 和 Te 质量比为 10 : 1 时制备的 Te 掺杂 GaN 纳米线质量较好，因此，固定反应源比例为 10 : 1，调节反应温度分别为 1000℃ 和 950℃ 制备 Te 掺杂 GaN 纳米线，分析反应温度对纳米线物相组成、Te 原子掺杂的摩尔分数及形貌的影响。

图 3-4 所示为反应源 $Ga_2O_3$ 和 Te 质量比为 10 : 1、反应温度分别为 1000℃（样品 3）和 950℃（样品 4）时所制备的样品 XRD 图谱，除了图 3-4 (b) 所示样品 4 的 XRD 图谱在 $2\theta = 40.208°$ 处有一个 $PtO_2$ (101) 晶面衍射峰（$PtO_2$ 是衬底上 Pt 催化剂与 O 原子结合而成）外，两个样品中均没有出现其他杂质相，说明 $Ga_2O_3$ 和 Te 质量比为 10 : 1 时，在 1000℃ 和 950℃ 下都不会引进 Te 或者 Te 的化合物杂质，样品纯度较高。

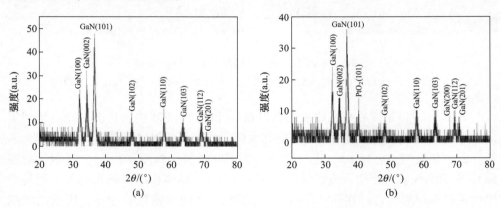

图 3-4　质量比为 10 : 1 时不同反应温度下样品的 XRD 图谱
(a) 样品 3；(b) 样品 4

从图 3-4 (a) 中读取到样品 3 的 8 条明显的六方纤锌矿 GaN 特征衍射峰，分别处于 $2\theta$ 为 32.316°、34.505°、36.762°、47.996°、57.633°、63.302°、68.936° 和 70.338° 位置处，根据峰位计算出所得 GaN 纳米线的晶格常数为 $a = b = 0.3196$nm、$c = 0.5194$nm；从图 3-4 (b) 中读取到样品 4 的 10 条明显的六方纤锌矿 GaN 特征衍射峰，分别处于 $2\theta$ 为 32.328°、34.531°、36.779°、48.024°、57.656°、63.346°、67.666°、68.972° 和 70.369° 位置处，计算出所得 GaN 纳米

线的晶格常数为 $a=b=0.3194nm$、$c=0.5190nm$。通过对比发现，两个样品的晶格常数值都大于标准值（$a=b=0.3189nm$、$c=0.5186nm$），但是小于样品 2 的值（$a=b=0.3204nm$、$c=0.5198nm$），且样品 3 的晶格常数大于样品 4。因此，可以猜测样品 3 和样品 4 中都含有 Te 杂质原子，且通过与样品 2 对比，发现样品 3 和样品 4 中 Te 含量都小于样品 2，但是样品 3 中的 Te 原子含量大于样品 4。最后，对比样品 2、样品 3 和样品 4 的 X 射线衍射峰强度，会发现样品 2、样品 3、样品 4 的衍射峰强度逐渐减弱，说明结晶质量也逐渐下降，因此，得出结论：随着反应温度降低，所制备的纳米线结晶质量下降。

图 3-5 所示是反应温度分别为 1000℃和 950℃时所制备的样品 3 和样品 4 的 EDS 能谱及纳米线中各元素含量。通过观察发现，两个样品中都有 Te 原子存在，与之前的猜测符合，并且两个样品中 Te 的摩尔分数都小于样品 2（1.25%），样品 3 的 Te 的摩尔分数（0.5%）大于样品 4（0.27%）。结合 XRD 图谱分析可知，样品 2、样品 3 和样品 4 中所含 Te 原子全部以替位掺杂形式存在（因为没有出现 Te 或者 Te 化合物的衍射峰），但是 Te 的摩尔分数却不相同，三个样品的制备区别在于反应温度不同，分别是 1050℃、1000℃和 950℃，因此，可以认为所制备 GaN 纳米线中 Te 的摩尔分数与反应温度之间存在必然联系。

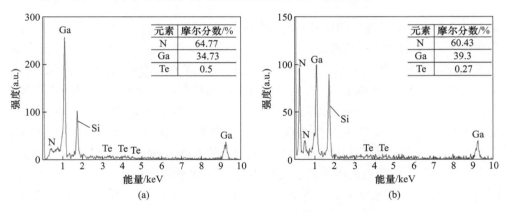

图 3-5 质量比为 10:1 时不同反应温度的 EDS 能谱
(a) 样品 3；(b) 样品 4

图 3-6 是根据样品 2、样品 3、样品 4 的 EDS 测试中得出的各种元素的摩尔分数绘制的，图 3-6（a）是 Te 掺杂 GaN 纳米线中 Te 的摩尔分数随反应温度变化的趋势，图 3-6（b）是 Ga 和 N 的摩尔分数随 Te 的摩尔分数变化的趋势。图 3-6（a）反映出随着反应温度的降低，所制备样品中 Te 原子含量也降低了，分析认为反应温度降低，Te 原子活性会降低，导致随气流运动并且掺杂进入 GaN 纳米线中的 Te 原子含量减少。图 3-6（b）反映出样品中 Ga 原子含量随着 Te 原

子含量的减少而增加，但是 N 原子含量却随着 Te 原子含量的减少而减少，因此，可以认为 Te 原子在 GaN 纳米线中主要是替代 Ga 原子的位置形成掺杂纳米线，这与本文理论计算中形成能和结合能的计算结论相同；同时，还发现所制备样品中 N 原子含量大于 Ga 原子含量，属于富 N 的 Te 掺杂 GaN 纳米线。

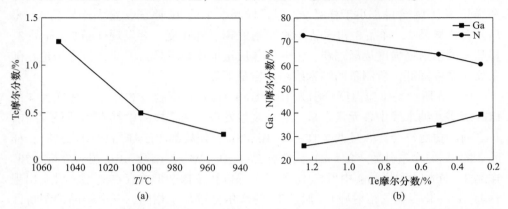

图 3-6　样品中 Te 的摩尔分数随反应温度变化的曲线（a）和样品中 Ga、N 的摩尔分数随 Te 的摩尔分数变化的曲线（b）

　　图 3-7 所示是样品 3 和样品 4 的 SEM 图。从图 3-7（a）中可以看出，样品 3 中大面积 GaN 纳米线不规则交织平铺在 Si 衬底上，长度为 10～15μm，并且大量纳米线发生弯曲。图 3-7（b）是图 3-7（a）中局部放大图像，图中方框处显示纳米线端部有 Pt 纳米颗粒存在，符合 VLS 生长机制；纳米线整体表面很光滑，直径范围为 30～60nm，相比样品 1 和样品 2，整体粗细比较均匀，说明温度降低，Pt 催化剂没有发生再融合团聚，生长出来的纳米线直径较均匀。从图 3-7（c）中可以看出，样品 4 中大部分是粗细均匀的 GaN 纳米线，直径为 30～50nm，但是也出现了个别较粗的纳米线，说明温度过低纳米线生长会逐渐变得不均匀，同时，在样品 4 中还发现了 GaN 团聚物出现。从图 3-7（d）中方框可以看出，纳米线端部同样存在 Pt 催化剂颗粒，说明在 950℃下，GaN 纳米线生长仍然遵循 VLS 机制。

　　通过实验方案二分析可知，在 Ga$_2$O$_3$ 和 Te 质量比为 10∶1 时，改变反应温度分别为 1050℃、1000℃和 950℃所制备的 Te 掺杂 GaN 纳米线中，Te 原子主要以替代 Ga 原子的方式进行掺杂，样品中没有出现 Te 单质或者 Te 化合物杂质相，纯度较高；并且随着反应温度的降低，GaN 纳米线中 Te 杂质含量逐渐降低。

### 3.3.4　Te 掺杂 GaN 纳米线的 Raman 分析

　　通过实验方案设计，成功制备出了 Te 杂质的摩尔分数分别为 1.25%、0.5% 和

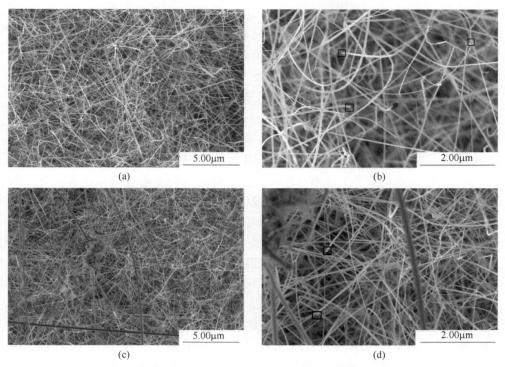

(a)　　　　　　　　　　　　　　　　(b)

(c)　　　　　　　　　　　　　　　　(d)

图 3-7　质量比为 10∶1 时不同反应温度下样品的 SEM 图

（a）样品 3，×6000；（b）样品 3，×20000；（c）样品 4，×6000；（d）样品 4，×20000

0.27%的 Te 掺杂 GaN 纳米线（样品 2、样品 3、样品 4），比较三个样品中 Te 杂质的摩尔分数，选取了 Te 杂质原子含量最多的样品 2（1.25%），测试其室温下的 Raman 图谱（见图 3-8），分析 Te 原子掺杂后对 GaN 纳米线中晶格振动模式的影响。

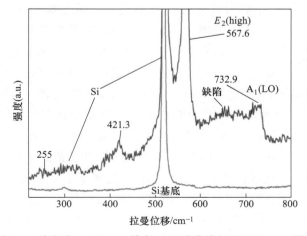

图 3-8　浓度为 1.25% Te 掺杂 GaN 纳米线的室温 Raman 图谱

　　图 3-8 所示是样品 2 的室温 Raman 图谱，横轴表示波数，纵轴表示散射强度。图谱是由 Ar$^+$激光器发射的 514.5nm 波长的光子激发得到的，图中箭头所指是 Si 衬底在 301.3cm$^{-1}$和 519cm$^{-1}$处的拉曼散射特征峰。从图中可以很明显地看到在 567.6cm$^{-1}$和 732.9cm$^{-1}$处有 2 个很强的 Raman 散射峰，它们分别对应于六方纤锌矿 GaN 结构的一阶拉曼振动模式 $E_2$(high) 和 $A_1$(LO) 的声子振动频率。对于 GaN 薄膜材料，测试得到的 $E_2$(high) 和 $A_1$(LO) 模分别处于 571cm$^{-1}$和 737cm$^{-1}$位置[4]。比较发现，样品 2 的一阶振动模式相对于 GaN 薄膜材料向低频方向移动，这是纳米尺度引起的声子限制效应导致的。另外，在 255cm$^{-1}$和 421.3cm$^{-1}$处还观察到了 2 个相对较弱的拉曼峰，它们都是由纳米线表面无序性（晶体平移对称性被破坏）和尺寸限制效应引起的，其中，255cm$^{-1}$处的峰是布里渊区边界声子振动产生的；而 421.3cm$^{-1}$处的峰是声学声子振动产生的[5-6]。此外，还在 670cm$^{-1}$左右观察到了由于 Te 原子掺杂引起的缺陷相关的振动模式。

　　对比文献报道的纯 GaN 纳米线的室温 Raman 光谱[6-7]，可以发现，样品 2 中的 Te 掺 GaN 纳米线的 $E_2$(high) 模向低频方向移动了，$A_1$(LO) 模向高频方向移动了。已知，在纤锌矿结构中，$E_2$(high) 模对晶体中的应力比较敏感[8]，因为 Te 的离子半径比 Ga 的离子半径大，Te 原子替换 Ga 后，在晶体中引起了晶格畸变，使得晶体中的应力增加，导致了 $E_2$(high) 模的移动；$A_1$(LO) 模对 GaN 中自由载流子浓度比较敏感[9]，掺杂 Te 原子后增加了 GaN 中自由载流子浓度，使得 $A_1$(LO) 模向高频方向移动。

## 3.4　Te 掺杂 GaN 纳米线的性能

　　为了分析 Te 原子掺杂对 GaN 纳米线场发射性能的影响，采用平板二极式结构的场发射测试装置分别测试了表面形貌较好，但是掺杂浓度不同的样品 2（1.25%）和样品 3（0.5%）的场发射性能。测试装置主要由电源系统（含有直流电源、电压表、电流表、保护电阻等）、真空系统（含有扩散泵、机械泵等）和电路部分组成。测试时，样品作为发射电子的阴极（测试过程中保持阴极探针与样品衬底紧密接触），接受电子的阳极使用 ITO 导电玻璃，阴极和阳极之间用厚度为 120μm 的聚四氟乙烯绝缘材料隔开，首先使用真空系统将装置金属罩内真空度抽到 3.8 ×10$^{-4}$Pa，然后使用直流电源在两电极间加高电压，通过电压表和电流表读取示数并记录，最终计算并且绘制样品的 J-E 曲线和 F-N 曲线。对测试数据进行处理，以电场强度 E 为横坐标，电流密度 J 为纵坐标，绘制出样品 2 和样品 3 的 J-E 曲线，如图 3-9（a）和图 3-10（a）所示；以 1/E 为横坐标，以 ln($J/E^2$) 为纵坐标绘制出 F-N 曲线，如图 3-9（b）和图 3-10（b）所示。

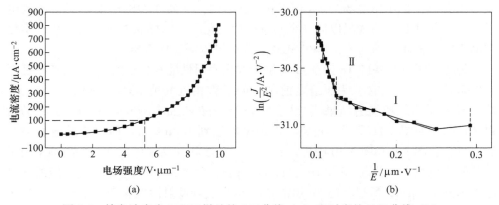

图 3-9　掺杂浓度为 1.25% 样品的 *J-E* 曲线（a）和对应的 F-N 曲线（b）

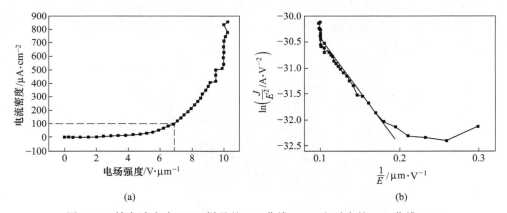

图 3-10　掺杂浓度为 0.5% 样品的 *J-E* 曲线（a）和对应的 F-N 曲线（b）

从图 3-9（b）可以看出，样品 2 的 F-N 曲线中 $\ln(J/E^2)$ 和 $1/E$ 呈现两种斜率的线性变化关系，与 2004 年 Luo 等人[10]发表的一篇关于鱼骨型 GaN 纳米带场发射 F-N 曲线类似。观察样品 2 的 F-N 曲线变化趋势，发现在外加电场为 $4 \sim 10V/\mu m$ 范围内的电子发射属于场致电子发射。之所以出现两种斜率变化的现象，可能是由于 GaN 纳米线中存在不同的场增强因子 $\beta$。已知，场增强因子是由纳米线的长径比及材料的几何形状决定的。在第 3.3.2 节中曾经提到，由于高温下 Pt 催化剂发生再次融合团聚，导致样品 2 中所制备的 Te 掺杂 GaN 纳米线整体粗细不均匀，纳米线直径变化范围是 $30 \sim 100nm$，这样使得得到的纳米线长径比存在一个变化范围。在低电场时，电子主要由场增强因子较大的纳米线发射，F-N 曲线变化如图 3-9（b）中Ⅰ段所示；当电场增强到一定值时，场增强因子小的纳米线也开始参与电子发射，这样导致整体平均后的场增强因子相比于低电场时降低了，所以 F-N 曲线变化如图 3-9（b）中Ⅱ段所示。从图 3-10 插图的 F-N 曲线可以看出，在外加电场为 5~10V/μm 范围内，样品 3 的电子发射属于场致电子发射，并且 F-N 曲线只以同一个斜率线性变化，说明样品 3 中的纳米线确实比样品 2 中的整体粗细均匀，这在 SEM 表征中可以明显地看出来。

为了探索所制备的 Te 掺杂 GaN 纳米线场发射性能相比于纯 GaN 纳米线是否有所改进，作者选取了课题组之前制备的形貌相近的纯 GaN 纳米线进行对比。此纯 GaN 纳米线场发射结果[11]已经发表于 *Applied Surface Science* 期刊，其场发射 *J-E* 曲线如图 3-11 所示。定义当电流密度达到 $100\mu A/cm^2$ 时对应的电场为开启电场，从图 3-9 和图 3-10 中可以看出，样品 2 和样品 3 中的 Te 掺杂 GaN 纳米线的开启电场分别为 5.26V/μm 和 6.88V/μm，而图 3-11 中纯 GaN 纳米线的开启电场为 9.1V/μm，所以得出 Te 掺杂 GaN 纳米线场发射性能优于纯净 GaN 纳米线的结论；进一步对比样品 2 和样品 3 的开启电场，又发现 GaN 纳米线中 Te 掺杂比例越多，开启电场越低，这两个结论与理论计算部分所得结论一致，说明 Te 原子掺杂降低了 GaN 纳米线功函数，提高了发射电流密度，进而优化了 GaN 纳米线的场发射性能。

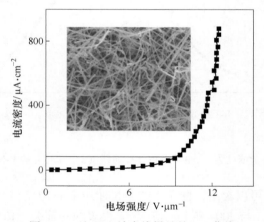

图 3-11　纯 GaN 纳米线样品的 *J-E* 曲线

从图 3-9 与图 3-10 中还可以看出，样品 2 和样品 3 在电场为 10V/μm 时，电流密度可以达到 $800\mu A/cm^2$ 左右，而纯 GaN 纳米线电流密度仅为 $130\mu A/cm^2$ 左右，要想获得 $800\mu A/cm^2$ 左右的电流密度，必须施加 12V/μm 以上的电场强度，这样就会使实际应用中的能耗增加，材料寿命减少。因此，通过对比发现 Te 掺杂 GaN 纳米线是一种很好的场发射阴极材料，在场发射领域有着潜在的应用。

本章使用化学气相沉积法，在 Si 衬底上成功制备了 Te 掺杂 GaN 纳米线，并且使用 X 射线衍射技术、场发射扫描电子显微镜和拉曼光谱分析所制备纳米线的物相、形貌及晶格振动情况，最后将所制备样品的场发射性能与纯 GaN 纳米线进行对比，主要得出以下结论：

（1）反应源 $Ga_2O_3$ 和 Te 质量比为 10∶1 时所制备的样品中，Te 原子主要以替代 Ga 原子的形式掺杂进 GaN 纳米线中，纳米线样品中没有 Te 单质或者其化合物杂质存在，纳米线纯度较高且结晶质量较好。

（2）Te 掺杂 GaN 纳米线中 Te 原子含量随着反应温度的降低逐渐减少，并且当温度降到 950℃ 时，样品中开始出现 GaN 团聚物。

（3）Te 原子掺杂使得 GaN 纳米线的 $E_2$(high) 模向低频方向移动，$A_1$(LO) 模向高频方向移动，分析认为是 Te 原子替代 Ga 原子后，分别使晶体中的应力和自由载流子浓度增加导致的。

（4）当定义电流密度达到 $100\mu A/cm^2$ 时对应的电场为开启电场时，得到 Te 的摩尔分数为 1.25% 和 0.5% 的两个样品的开启电场分别为 5.26V/μm 和 6.88V/μm，场发射性能较好，并且随着 Te 杂质原子的增加，开启电场逐渐降低。

## 参 考 文 献

[1] DINESH J, ESWARAMOORTHY M, RAO C N R. Use of amorphous carbon nanotube brushes as templates to fabricate GaN nanotube brushes and related materials [J]. The Journal of Physical Chemistry C, 2007, 111（2）: 510-513.

[2] 黄英龙，薛成山，庄惠照，等. Si 基 Au 催化合成镁掺杂 GaN 纳米线 [J]. 功能材料，2009, 40（2）: 233-235.

[3] SHI W S, ZHENG Y F, WANG N, et al. Microstructures of gallium nitride nanowires synthesized by oxide-assisted method [J]. Chemical Physics Letters, 2001, 345（5/6）: 377-380.

[4] CHEN C C, YEH C C, CHEN C H, et al. Catalytic growth and characterization of gallium nitride nanowires [J]. Journal of the American Chemical Society, 2001, 123（12）: 2791-2798.

[5] LIU H L, CHEN C C, CHIA C T, et al. Infrared and Raman-scattering studies in single-crystalline GaN nanowires [J]. Chemical Physics Letters, 2001, 345（3/4）: 245-251.

[6] HA B, SEO S H, CHO J H, et al. Optical and field emission properties of thin single-crystalline GaN nanowires [J]. The Journal of Physical Chemistry B, 2005, 109（22）: 11095-11099.

[7] 李琰，王朋伟，孙杨慧，等. 氨化 $Ga_2O_3$ 和金属 Ga 粒混合镓源制备高质量 GaN 纳米线 [J]. 电子显微学报，2011, 30（2）: 91-96.

[8] DECREMPS F, PELLICER-PORRES J, SAITTA A M, et al. High-pressure Raman spectroscopy study of wurtzite ZnO [J]. Physical Review B, 2002, 65（9）: 92101.

[9] HUANG Y, LIU M, LI Z, et al. Raman spectroscopy study of ZnO-based ceramic films fabricated by novel sol-gel process [J]. Materials Science and Engineering: B, 2003, 97（2）: 111-116.

[10] LUO L, YU K, ZHU Z, et al. Field emission from GaN nanobelts with herringbone morphology [J]. Materials Letters, 2004, 58（22/23）: 2893-2896.

[11] LI E, CUI Z, DAI Y, et al. Synthesis and field emission properties of GaN nanowires [J]. Applied Surface Science, 2011, 257（24）: 10850-10854.

# 4 Sn 掺杂 GaN 纳米线的制备及性能

掺杂和包覆是改善材料性能的两种主要方法，掺杂作为一种比较简便的方法，被人们广泛使用。自 GaN 纳米线的制备以来，已经实现了很多元素的掺杂，如 Mg 掺杂 GaN 纳米线[1]、Al 掺杂 GaN 纳米线[2]、Zn 掺杂 GaN 纳米线[3]、Mn 掺杂 GaN 纳米线[4]、Si 掺杂 GaN 纳米线[5]、P 掺杂 GaN 纳米线[6]等，而对 Sn 掺杂的 GaN 纳米线研究较少。Sn 作为第Ⅳ主族元素，在改善材料性能上也具有较好的效果，比如 Su 等人采用热蒸发法合成的 Sn 掺杂 ZnO 纳米线具有较好的发光特性[7]，Farid 等人合成了 Sn 掺杂的 ZnO 纳米线，研究了纳米线的光电导性质和光增强场发射行为，结果表明 Sn 掺杂浓度为 0.5% 的 ZnO 纳米线开启电场仅为 0.68V/μm，且具有较好的稳定性，光电导性质也得到了改善[8]。Iñaki López 等人制备了 Sn 掺杂和 Sn-Cr 共掺 $Ga_2O_3$ 纳米线，结果表明 Sn-Cr 共掺后改善了纳米线的发光[9]。Shikanaia 等人研究了 Si、Ge、Sn 掺杂 GaN 的光学性质[10]。Chang 等人制备了 Sn 掺杂 $In_2O_3$ 纳米线，结果表明掺杂改善了纳米线的场发射特性[11]。Ui 等人合成的 Sn 掺杂 AlN 纳米棒，开启电场为 3.87V/μm，增强因子为 917，场发射特性较好[12]。因此，本章节主要采用 Sn 作为掺杂源，制备 GaN 纳米线。

## 4.1 实 验 方 案

### 4.1.1 制备方法

采用 CVD 法制备 Sn 掺杂 GaN 纳米线，通常情况下，$NH_3$ 在 800℃ 时会分解为 $NH_2$、NH、$H_2$ 及 $N_2$ 等产物，由于 $NH_2$、NH 存在时间极短，$SnO_2$ 将主要在 $H_2$ 的氛围下被还原为 Sn 单质，而 Sn 单质的熔点和沸点又较低，容易形成气态的 Sn 原子参与后期的反应，反应方程如下：

$$SnO_2(s) + 2H_2(g) \longrightarrow Sn(g) + 2H_2O(g) \quad (T > 560℃) \qquad (4-1)$$

$Ga_2O_3$ 粉末也将和 $H_2$ 发生还原反应形成气相的中间物质 $Ga_2O$：

$$Ga_2O_3(s) + 2H_2(g) \longrightarrow Ga_2O(g) + 2H_2O(g) \quad (T > 800℃) \qquad (4-2)$$

气相的中间物质 $Ga_2O$ 再与体系中的 $NH_3$ 反应，形成固态的 GaN：

$$Ga_2O(g) + 2NH_3(g) \longrightarrow 2GaN(s) + 2H_2(g) + H_2O(g) \qquad (4-3)$$

最后，气态的 Sn 原子掺杂进 GaN 固溶体中，形成 $Ga_{1-x}Sn_xN$。

### 4.1.2 实验药品的选择

催化剂的选择对 GaN 纳米线的制备至关重要，所使用的金属催化剂应具有合理的物理活性和稳定的化学性质，能与 GaN 形成易混合的液相合金，但在 GaN 的生长过程中，形成的固体又不能比 GaN 纳米线更稳定，Pt 具有高的化学稳定性与催化活性，能溶解 Ga 原子和 N 原子，又能生成没有 GaN 稳定的物质，因此选用 Pt 作催化剂。

以往人们往往采用金属 Ga、$Ga_2O_3$、GaN 粉末或其与 C 粉末的混合物为先驱材料和 $NH_3$ 制备 GaN 纳米材料。但由于金属 Ga 熔点低，不易保存，GaN 粉末价格昂贵，而 $Ga_2O_3$ 熔点较高，达到 1740℃，性质稳定，且在高于 800℃ 时，能与 $NH_3$ 反应生成 GaN，故选择 $Ga_2O_3$ 粉末作为反应前驱体。

Sn 作为 n 型掺杂源将在 GaN 带隙中引入浅施主能级，且在 GaN 材料的掺杂中被研究得较少。$SnO_2$ 由于价格便宜，熔点、沸点较高易于保存，且在 $H_2$ 的氛围下能在 560℃ 被还原为 Sn 单质，在到达实验制备温度时，将能以气态形式存在参与化学反应，故选用 $SnO_2$ 作为掺杂源的前驱体。

## 4.2 实 验 设 备

根据实验先后顺序列出所用仪器，见表 4-1。

**表 4-1 实验设备**

| 序号 | 设备名称 | 设备来源 | 型号及参数 |
|---|---|---|---|
| 1 | 马弗炉 | 沈阳市节能电炉厂 | RJM-28-10，AC220V，50Hz，1200℃ |
| 2 | 超声波清洗器 | 集宁天华超声电子仪器有限公司 | TH-50 型，AC 220V，25~40kHz |
| 3 | 自动精细溅射镀膜仪 | 日本电子株式会社 | JFC-1600 型 |
| 4 | 电子天平 | 深圳市西恩威电子有限公司 | FC-50 型，量程/精度：50g/0.001g |
| 5 | 质量流量计 | 北京红博隆精密仪器有限公司 | S49-32B/MT 型，准确度：1.5%，耐压 0.3MPa |
| 6 | 流量显示仪 | 北京红博隆精密仪器有限公司 | MT50-3J 型 |
| 7 | 真空管式高温烧结炉 | 合肥科晶材料技术有限公司 | GSL 1500X 型，AC220 V，50Hz，1500℃ |
| 8 | 自动控温管式炉 | 湘潭市三星仪器有限公司 | SGQ-4-14 型，AC220V，50Hz，1400℃ |

表4-1 中的仪器操作简单说明如下：

（1）马弗炉，主要用于干燥石英舟和 Si 晶片。

（2）超声波清洗器，用于清洗衬底和石英舟，分散催化剂颗粒。

（3）自动精细溅射镀膜仪，用于溅射催化剂薄膜。

（4）电子天平，测量所需实验药品的质量。

（5）质量流量计，用于限制气体的流量。

（6）流量显示仪，用于控制显示气体的流量。

（7）真空管式高温烧结炉，主要用于刻蚀处理溅射有催化剂薄膜的衬底。

（8）自动控温管式炉，主要用于制备 GaN 纳米材料。

## 4.3 实 验 过 程

本节通过 CVD 法在 Pt 作催化剂的 Si(111) 衬底上外延生长 Sn 掺杂 GaN 纳米线，实验过程如图 4-1 所示。

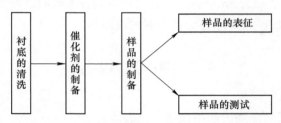

图 4-1　实验流程图

通过 CVD 法，以 $Ga_2O_3$ 粉末为 Ga 源、$NH_3$ 为 N 源、$SnO_2$ 为掺杂源，在水平管式气氛炉中一定工艺条件下，制备 Sn 掺杂 GaN 纳米线。影响 GaN 纳米线质量的因素有很多，本节主要研究氨化温度、氨气流量、氨化时间及掺杂浓度对 Sn 掺杂 GaN 纳米线的影响，得到一定工艺条件下形貌较好的 Sn 掺杂 GaN 纳米线，达到可控制备。

实验过程中首先称取一定质量的 $Ga_2O_3$ 粉末，将刻蚀后的硅片和 $Ga_2O_3$ 粉末放入石英舟中，Ga 源与 Si 衬底间保持 1cm，在气流的上游距离 Ga 源 3cm 左右处放置少量的 Sn 掺杂源，接着将石英舟推至 SGQ-4-14 型自动控温管式炉的恒温区，封闭好管式炉之后，通入一定流量的 $N_2$ 排出管式炉中的残余气体，然后按每分钟 10℃ 的升温速率对管式炉进行加热，至 800℃ 时，通入 200mL/min 的 $NH_3$，保持 10min，将 $SnO_2$ 粉末还原为 Sn 单质之后，再接着按每分钟 10℃ 的升温速率对管式炉进行加热，分别加热到 1000℃、1050℃、1100℃，改变氨气流量为 200mL/min、300mL/min 及 400mL/min，分别保持 10~30min，制备 Sn 掺杂

GaN 纳米线样品，待管式炉降温至 700℃时，再保持 20min，最后待管式炉自然冷却至室温时，取出硅衬底，可看到硅衬底上附着一层淡黄色的薄膜，完成 Sn 掺杂 GaN 纳米线的制备。

# 4.4　结果与讨论

### 4.4.1　氨化温度对 Sn 掺杂 GaN 纳米线的影响

采用控制变量法，保持氨化时间、氨气流量及掺杂浓度不变，改变氨化温度，分别在 1000℃、1050℃、1100℃的条件下，制备 Sn 掺杂 GaN 纳米线样品，研究氨化温度对 Sn 掺杂 GaN 纳米线生长的影响。对三个样品进行 SEM 表征，结果如图 4-2 所示。

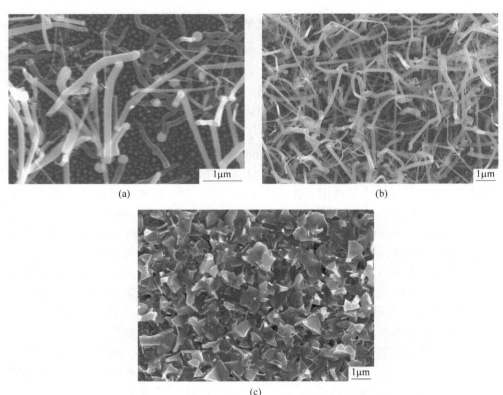

图 4-2　不同氨化温度下 Sn 掺杂 GaN 样品的 SEM 图
（a）1000℃；（b）1050℃；（c）1100℃

观察图 4-2 可知，氨化温度对制备 Sn 掺杂 GaN 样品具有明显的影响。当氨化温度为 1000℃时，制备的材料为 Sn 掺杂 GaN 纳米线，此时仅有少量的纳米线分布在硅衬底上，且粗细不均匀，大量的 Pt 催化剂颗粒仍均匀地分布在硅衬底上，这说明 Pt 催化剂颗粒在 1000℃的条件下并未被完全被激活起到催化生长纳米线的作用。当氨化温度上升至 1050℃时，可以看到大量的 Sn 掺杂 GaN 纳米线均匀地分布在硅衬底上，且纳米线的直径基本一致，在硅衬底上基本看不到附着的 Pt 催化剂颗粒，这说明 Pt 催化剂纳米颗粒在 1050℃的条件下几乎全被激活，作为 GaN 纳米线的成核点吸附 Ga、N 和 Sn 原子，生长 Sn 掺杂 GaN 纳米线。当氨化温度到达 1100℃时，可以看到此时制备的 Sn 掺杂 GaN 纳米材料并不是纳米线，而是形状像银杏叶的扇形片状纳米结构，且均匀地分布在硅衬底上，这可能是由于温度过高，Pt 催化剂熔化、团聚成较大的颗粒，而纳米材料的直径在很大程度上取决于催化剂颗粒的大小，故导致生成了像银杏叶的扇形片状纳米结构。因此，在 1050℃的氨化温度下制备了形貌较好的 Sn 掺杂 GaN 纳米线。

### 4.4.2　氨气流量对 Sn 掺杂 GaN 纳米线的影响

通过上面的实验，可以发现氨化温度在 1050℃时制备了形貌较好的纳米线，所以接下来将氨化温度控制在 1050℃，采用控制变量法，保持氨化温度、氨化时间及掺杂浓度不变，改变氨气流量，分别在 100mL/min、200mL/min、300mL/min 的条件下，制备 Sn 掺杂 GaN 纳米线样品，研究氨气流量对生长 Sn 掺杂 GaN 纳米线的影响。对三个样品进行 SEM 表征，结果如图 4-3 所示。

图 4-3（a）是氨气流量为 100mL/min 时的 Sn 掺杂 GaN 纳米线样品 SEM 图，由图可看出仅有少量的纳米线生成，并且直径不均匀，硅衬底上只有部分 Pt 催化剂颗粒起到了成核点的作用催化生成了纳米线，制备纳米线较少的原因可能是由于 100mL/min 下的氨气流量较小，N 源较少，高温下只分解出少量的 $H_2$，仅少量的 $Ga_2O_3$ 粉末被还原成 $Ga_2O$，与 $NH_3$ 反应生成 GaN。图 4-3（b）是氨气流量为 200mL/min 时的 GaN 纳米线 SEM 图，可以看到有大量的纳米线生成，并均匀地分布在硅衬底上，生成的纳米线形状笔直、直径较小，200mL/min 的流量下，较多的 $Ga_2O_3$ 参与还原反应，所以生成的纳米线数量较 100mL/min 流量时多。图 4-3（c）是氨气流量为 300mL/min 时的 Sn 掺杂 GaN 纳米线 SEM 图，从图中可看出大量的纳米线分布在硅衬底上，生成的纳米线直径较粗，并且形状弯曲，纳米线直径较粗的原因可能是氨气流量过大、N 源过多，纳米线的径向生长速度加快。综上分析，可知增加氨气流量会提高纳米线的生长速度，可是随着氨气流量的增加纳米线的形状将会变得弯曲，而在氨气流量为 200mL/min 时，制备的 Sn 掺杂 GaN 纳米线形貌相对较好。

### 4.4.3　氨化时间对 Sn 掺杂 GaN 纳米线的影响

总结前面的实验，可以发现在氨化温度为 1050℃、氨气流量为 200mL/min

图 4-3 不同氨气流量下 Sn 掺杂 GaN 样品的 SEM 图
(a) 100mL/min；(b) 200mL/min；(c) 300mL/min

时制备的 GaN 纳米线形貌较为理想，接下来保持氨化温度、氨气流量及掺杂浓度不变，改变氨化时间，分别在 10min、20min 及 30min 的条件下，制备 Sn 掺杂 GaN 纳米线样品，研究氨化时间对 Sn 掺杂 GaN 纳米线生长的影响。对三个样品进行 SEM 表征，结果如图 4-4 所示。

图 4-4（a）是氨化时间为 10min 时的 Sn 掺杂 GaN 纳米线的 SEM 图，由图可看出在 Si 衬底上生成的纳米线较稀疏，粗细不均匀，但形貌较直，长度较短；图 4-4（b）为生长时间延长至 20min 时制备的 Sn 掺杂 GaN 纳米线的 SEM 图，由图可知大量的纳米线均匀地分布在 Si 衬底上，且形状笔直，沿着轴向直径均匀生长，长度相对 10min 时较长；图 4-4（c）是生长时间为 30min 时的 Sn 掺杂 GaN 纳米线的 SEM 图，由图可明显地看出纳米线的长度、直径相对 10min 和 20min 时有所增加，长径比变小，在衬底底层分布的纳米线直径较小，表层的纳米线直径较粗，导致这一结果的原因可能是由于生长时间的延长，底层的纳米线基本与外界隔绝，几乎没有 Ga 原子和 N 原子沉积在这些纳米线顶端的催化剂颗

图 4-4　不同氨化时间下 Sn 掺杂 GaN 样品的 SEM 图

（a）10min；.（b）20min；（c）30min

粒中，导致饱和析出而生长结束，然而表层的纳米线离气态 Ga 原子和 N 原子的氛围较近，会继续吸附周围的 Ga 原子和 N 原子，导致纳米线的径向和轴向继续生长，最终在表面形成较粗的纳米线（纳米棒）。结合以上分析，可知随着氨化时间的增加，纳米线的长度变长，直径稍有增加，形貌几乎不变，在氨化时间为 20min 时生长的纳米线形貌较理想。

综上所述，选择氨化温度为 1050℃、氨气流量为 200mL/min、氨化时间为 20min 的工艺条件制备 Sn 掺杂 GaN 纳米线样品。

### 4.4.4　Sn 掺杂浓度对 GaN 纳米线材料的影响

为了研究掺杂浓度对 GaN 纳米线的影响，基于前面的研究，选择在氨化温度为 1050℃、氨气流量为 200mL/min、氨化时间 20min 的工艺条件下改变 Sn 掺杂源浓度制备 GaN 纳米线样品，Sn 掺杂源与 Ga 源的质量比分别为 1：20、1：15、1：10 和 1：5。分别对制备样品进行 SEM 表征，结果如图 4-5 所示。

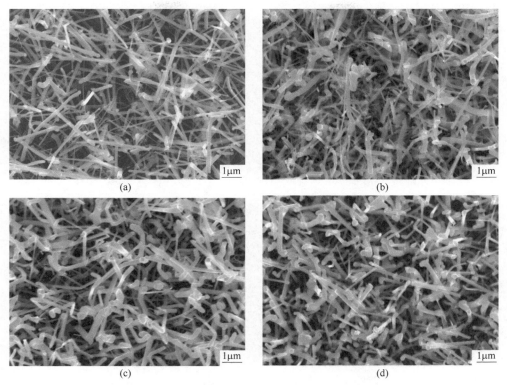

图 4-5 不同 Sn 掺杂浓度下 GaN 纳米线样品的 SEM 图

(a) 1∶20；(b) 1∶15；(c) 1∶10；(d) 1∶5

图 4-5（a）是质量比为 1∶20 的 Sn 掺杂 GaN 纳米线的 SEM 图，由图可知纳米线形状笔直，粗细均匀，密度分布合适；图 4-5（b）是质量比为 1∶15 的 Sn 掺杂 GaN 纳米线的 SEM 图，由图可知纳米线分布杂乱，长度较短，直径不均匀，这可能是由于实验过程中气流不稳定导致掺杂源分布不均匀引起的；图 4-5（c）是质量比为 1∶10 的 Sn 掺杂 GaN 纳米线的 SEM 图，此时的纳米线长度较前两个样品短，直径也变得较粗，且纳米线形状弯曲，相互缠绕；图 4-5（d）是质量比为 1∶5 的 Sn 掺杂 GaN 纳米线的 SEM 图，纳米线分布较均匀，长度变得更短，直径增大，形状较直，但也存在部分纳米线弯曲缠绕的现象。

由此可知，随着 Sn 掺杂源浓度的增大，生长的纳米线直径变粗，长度变短，形状由笔直变得弯曲。

### 4.4.5 Sn 掺杂 GaN 纳米线的 XRD 表征

为了研究 Sn 掺杂浓度对制备的 GaN 纳米线样品物相结构的影响，对不同 Sn 掺杂浓度下制备的四个样品分别做了 XRD 测试，结果如图 4-6 所示。

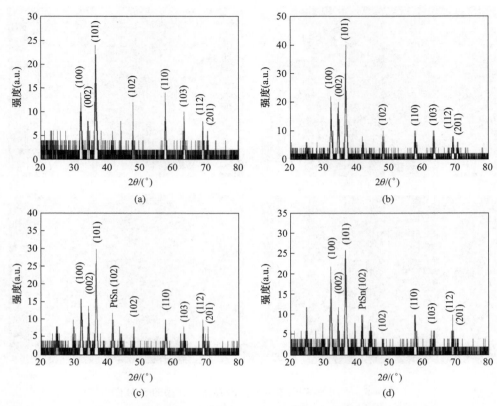

图 4-6  不同掺杂浓度下 Sn 掺杂 GaN 纳米线样品的 XRD 图谱

(a) 1:20;  (b) 1:15;  (c) 1:10;  (d) 1:5

观察图 4-6 可知, 在 $2\theta$ 为 32.2°、34.4°、36.7° 和 48.0° 处都有明显的衍射峰, 这些衍射峰分别与晶格常数为 $a=b=0.3186\mathrm{nm}$ 和 $c=0.5178\mathrm{nm}$ 的六方纤锌矿 GaN 结构标准卡 (编号为 50-0792) 上的 (100) (002) (101) 及 (102) 衍射面相一致, 且峰位与标准峰值图谱上的 GaN 相应衍射峰较好地重合, 这说明制备的四种浓度下的 Sn 掺杂 GaN 纳米线都具有六方纤锌矿 GaN 结构。同时在图 4-6 (c) 和 (d) 中观察到 $2\theta=41.8°$ 处存在一处衍射峰, 通过与 PDF 卡片 (编号为 25-0614) 对比, 发现该衍射峰是由 Pt-Sn 合金 (102) 面衍射形成的, 这可能是由于 Sn 掺杂过剩, 在纳米线生长的末期, 少量的 Sn 未能随 GaN 一起从 Pt 颗粒中析出形成 Pt-Sn 合金。此外, 在四个样品的 XRD 图谱中都未观察到 Sn 原子的衍射峰。

### 4.4.6  Sn 掺杂 GaN 纳米线的 EDX 表征

为了测定样品中所含元素及元素的相对含量, 对不同掺杂浓度下的 Sn 掺杂 GaN 纳米线样品进行了 EDX 表征, 结果如图 4-7 所示。

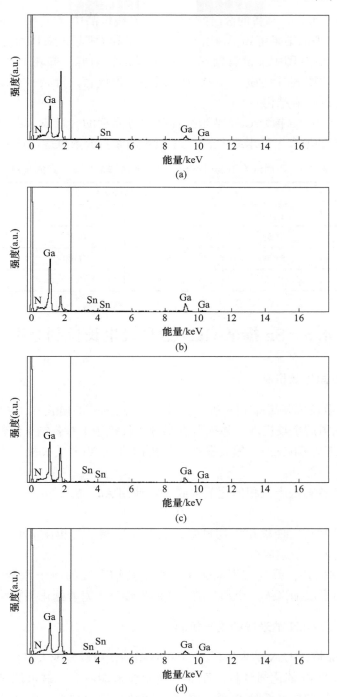

图 4-7 不同浓度下 Sn 掺杂 GaN 纳米线样品的 EDX 图谱

(a) 1 : 20; (b) 1 : 15; (c) 1 : 10; (d) 1 : 5

观察图 4-7 可知，制备的 Sn 掺杂 GaN 纳米线样品中存在 N、Ga、Sn 三种原子。结合 XRD 表征结果可知，EDX 中的 N 原子和 Ga 原子来自六方相 GaN 纳米线结构，而在 XRD 图中并没有发现与 Sn 有关的衍射峰，却在 EDX 表征结果中出现，这充分说明 Sn 掺杂进入 GaN 纳米线中，形成替位掺杂，且没有改变 GaN 纳米线的六方纤锌矿结构。

表 4-2 是四个 Sn 掺杂 GaN 纳米线样品中各元素的含量表，由表可知，随着 Sn 掺杂剂浓度的增大，纳米线中 Sn 元素所占的摩尔分数也逐渐增大。

表 4-2　不同浓度下 Sn 掺杂 GaN 纳米线样品中各元素的含量

| 元素 | 摩尔分数/% | | | |
| --- | --- | --- | --- | --- |
| | 1 : 20 | 1 : 15 | 1 : 10 | 1 : 5 |
| Sn | 0.53 | 0.65 | 0.99 | 1.66 |
| N | 81.96 | 76.96 | 77.00 | 72.75 |
| Ga | 17.51 | 22.39 | 22.02 | 25.58 |

## 4.5　Sn 掺杂 GaN 纳米线生长机制分析

### 4.5.1　气-液-固生长机制

气-液-固生长机制简称 VLS 机制，最早由 Wagner 和 Ellis 在 1964 年提出，用于分析一维晶须的生长机理，并提出在 VLS 生长机制下制备纳米线都需要催化剂的诱导[13]。随后 Givargizov 等人发展了该机制[14]。VLS 生长机制中，纳米线的生长主要包括三部分：

（1）首先在衬底上沉积催化剂薄膜，可使用 Au、Ni、Fe、Pt、Co 等金属作催化剂。

（2）加热衬底，使催化剂与衬底共晶形成液滴。气相反应源将随载气输运到衬底上，与液滴凝结成核。

（3）在成核处，源气相不断凝结，当生长纳米线的原子数量达到饱和时，晶须不断析出形成纳米线。冷却后纳米线的尖端就会附着催化剂颗粒。

### 4.5.2　Sn 掺杂 GaN 纳米线的生长机制分析

在前面 Sn 掺杂 GaN 纳米线样品的 SEM 图中，可以发现大多数纳米线的尖端都附着一圆形的 Pt 催化剂颗粒，而部分纳米线末端没有，这可能是由于氨气流量和氨化时间的增加，部分 Pt 颗粒脱落，随载气排出炉外，因此认为该实验中制备的 Sn 掺杂 GaN 纳米线主要生长遵循 VLS 机制。Sn 掺杂 GaN 纳米线的生长过程如下：（1）在炉温到达 800℃时，通入的 $NH_3$ 将分解为 $NH_2$、$NH$、$H_2$ 及 $N_2$ 等产物，此时 $SnO_2$ 将被 $H_2$ 还原成气态的 Sn 单质，同时 $Ga_2O_3$ 会分解出一部分气态的 Ga 原子留在炉中；（2）待炉温升至生长温度时，继续通入 $NH_3$，$Ga_2O_3$ 被还原为气态的 $Ga_2O$，Pt 催化剂颗粒在高温下呈熔融态，此时，$NH_3$ 携带着气态的 Ga 原子、$Ga_2O$ 及少量的 Sn 原子到达 Si 衬底表面，与 $NH_3$ 分解出的 N 原子相互作用，熔融态的 Pt 作为一个活跃点吸收气相反应物，形成 Pt-Sn-Ga-N 共晶合金；（3）随着 Sn 原子、Ga 原子和 N 原子不断地融入，液相合金达到饱和，固相 Ga-Sn-N 晶核不断析出，形成晶须，并沿着一个方向择优生长形成 Sn 掺杂的 GaN 纳米线。最后随着温度的降低，Pt 催化剂冷却凝结在纳米线的顶端。

## 4.6　Sn 掺杂 GaN 纳米线的性能

本章采用平板两极式结构测量场发射特性，场发射测量装置主要是由电源系统（含有直流电源、电压表、电流表、保护电阻等）、真空系统（含有扩散泵、机械泵等）和电路部分组成，以制备的 Sn 掺杂 GaN 纳米线样品作为阴极，ITO（氧化铟锡）导电玻璃作为阳极，两极间采用绝缘的聚四氟乙烯隔开，间距保持 200μm。测量时，探针和衬底紧密接触，放下钟罩，抽真空至 $3.8 \times 10^{-4}$Pa。

图 4-8 是质量比为 1∶20 和 1∶10 下的 Sn 掺杂 GaN 纳米线的场发射 $J$-$E$ 曲线和 F-N 曲线。定义发射电流密度为 $100\mu A/cm^2$ 时的外加电场为开启电场，从图 4-8（a）和（c）的 $J$-$E$ 曲线可知，1∶20 浓度下 Sn 掺杂 GaN 纳米线的开启电场为 8.7V/μm，1∶10 浓度下 Sn 掺杂 GaN 纳米线的开启电场仅为 4.4V/μm，满足场发射显示器和真空微电子器件的要求。由图 4-8（b）和（d）的 F-N 曲线可知，两曲线都呈近似线性，这说明 Sn 掺杂 GaN 纳米线的电子发射均由场发射真空隧穿引起。本文得到的开启电场较之前作者课题组制备的纯 GaN 纳米线的开启电场（9.1V/μm）[15] 小。这说明 Sn 掺杂可以改善 GaN 纳米线的场发射特性。

本章采用 CVD 法在 Pt 催化的 Si（111）衬底上，以 $Ga_2O_3$ 和 $NH_3$ 为源、以 $SnO_2$ 为掺杂源，成功地合成出 Sn 掺杂 GaN 纳米线。通过研究氨化温度、氨气流量、氨化时间及掺杂浓度对 Sn 掺杂 GaN 纳米线的影响，可以发现氨化温度对 Sn 掺杂 GaN 纳米线的形貌具有很大的影响，在氨化温度为 1050℃时制备出 Sn 掺杂 GaN 线状纳米结构；氨气流量主要影响 Sn 掺杂 GaN 纳米线的粗细；氨化时间主要影响 Sn 掺杂 GaN 纳米线的长度。并确定出制备形貌较好的 Sn 掺杂 GaN 纳米线的工艺条件为 1050℃、200mL/min、20min。

对不同浓度的 Sn 掺杂 GaN 纳米线样品进行 XRD 与 EDX 表征，结果表明掺杂后的 GaN 纳米线仍为六方纤锌矿结构，且 Sn 成功地掺杂进入 GaN 纳米线中。场发射测试表明 Sn 掺杂 GaN 纳米线具有良好的场发射特性，1∶20 浓度下样品

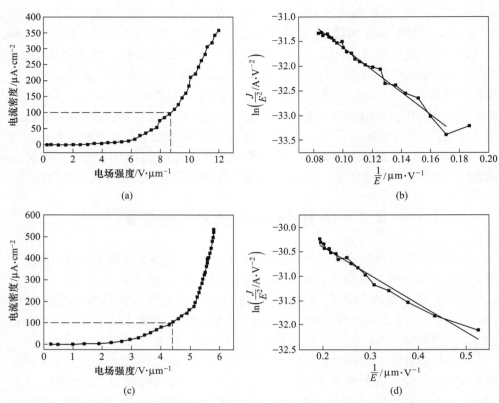

图 4-8　Sn 掺杂 GaN 纳米线的场发射 *J-E* 曲线（a）（c）和相应的 F-N 曲线（b）（d）

（a）（b）1 : 20；（c）（d）1 : 10

的开启电场为 8.7V/μm，1 : 10 浓度下样品的开启电场仅为 4.4V/μm。

## 参 考 文 献

［1］SHI F, ZHANG D, XUE C. Effect of ammoniating temperature on microstructure and optical properties of one-dimensional GaN nanowires doped with magnesium ［J］. Journal of Alloys and Compounds, 2011, 509（4）：1294-1300.

［2］ZHOU S M. Fabrication and PL of Al-doped gallium nitride nanowires ［J］. Physics Letters A, 2006, 357（4/5）：374-377.

［3］梁建, 王晓宁, 张华, 等. Zn 掺杂 Z 形 GaN 纳米线的制备及表征 ［J］. 人工晶体学报, 2012, 41（1）：36-46.

［4］XU C, CHUN J, LEE H J, et al. Ferromagnetic and electrical characteristics of in situ manganese-doped GaN nanowires ［J］. The Journal of Physical Chemistry C, 2007, 111（3）：1180-1185.

［5］LIU J, MENG X M, JIANG Y, et al. Gallium nitride nanowires doped with silicon ［J］. Applied

Physics Letters, 2003, 83 (20): 4241-4243.

[6] FU L T, CHEN Z G, WANG D W, et al. Wurtzite P-doped GaN triangular microtubes as field emitters [J]. The Journal of Physical Chemistry C, 2010, 114 (21): 9627-9633.

[7] SU Y, LI L, CHEN Y, et al. The synthesis of Sn-doped ZnO nanowires on ITO substrate and their optical properties [J]. Journal of Crystal Growth, 2009, 311 (8): 2466-2469.

[8] SHEINI F J, MORE M A, JADKAR S R, et al. Observation of photoconductivity in Sn-doped ZnO nanowires and their photoenhanced field emission behavior [J]. The Journal of Physical Chemistry C, 2010, 114 (9): 3843-3849.

[9] LÓPEZ I, NOGALES E, MÉNDEZ B, et al. Influence of Sn and Cr doping on morphology and luminescence of thermally grown $Ga_2O_3$ nanowires [J]. The Journal of Physical Chemistry C, 2013, 117 (6): 3036-3045.

[10] SHIKANAIA A, FUKAHORI H, KAWAKAMI Y, et al. Optical properties of Si-, Ge- and Sn-doped GaN [J]. Physica Status Solidi (B), 2003, 235 (1): 26-30.

[11] CHANG W C, KUO C H, JUAN C C, et al. Sn-doped $In_2O_3$ nanowires: enhancement of electrical field emission by a selective area growth [J]. Nanoscale Research Letters, 2012, 7 (1): 1-7.

[12] CHOI P J S, PARK Y, UI S. The controlled growth and field emission of Sn-doped and undoped AlN nanorods prepared by halide vapor phase epitaxy [J]. Journal of Ceramic Processing Research (Text in English), 2011, 12 (4): 468-472.

[13] WAGNER R S, ELLIS W C. Vapor-liquid-solid mechanism of single crystal growth [J]. Applied Physics Letters, 1964, 4 (5): 89-90.

[14] GIVARGIZOV E I. Fundamental aspects of VLS growth [J]. Journal of Crystal Growth, 1975, 31: 20-30.

[15] LI E, CUI Z, DAI Y, et al. Synthesis and field emission properties of GaN nanowires [J]. Applied Surface Science, 2011, 257 (24): 10850-10854.

# 5 Ge 掺杂 GaN 纳米线的制备及性能

GaN 作为宽带隙半导体材料，由于它具有良好的物理化学稳定性、高载流子浓度和迁移率等优异特性，被进行了广泛的研究。GaN 纳米线的本征带隙为 3.4eV，在光电子器件应用上有很大的潜力。掺杂是提高 GaN 光电性质应用研究中的重要途径。元素周期表中 Ge 是 Ga 的邻近原子，一维 Ge 纳米线和 GaN 纳米线具有相近的晶格参数，因此，Ge 掺入 GaN 中不会引起明显的晶格扭曲。另外，GaN 具有很小的电子亲和势 2.7~3.3eV，在场发射阴极材料应用上也有着很重要的研究价值。理论和实验上关于 Ge 掺杂 GaN 纳米线的报道并不多见，因此，本书主要研究通过 Ge 掺杂来提高 GaN 纳米线的场发射性能。

## 5.1 制 备 方 法

近年来，气相-模板合成法[1]、气-液-固合成法[2]、氧化辅助合成法[3]等技术先后应用于制备高质量 GaN 纳米线。其中，气-液-固合成法是一种非常通用的并且备受关注的方法。在 1964 年，R. S. Wagner[4]等人就利用 VLS 机理来制备硅单晶纳米线。以这种生长机理合成的纳米线都需要催化剂的诱导，他在合成硅纳米线中用 Au 作为催化剂。后来人们在合成碳纳米管[5]、硅纳米线和氧化硅纳米线[6]等中深入讨论了这种生长机理。其合成机理可以解释为：在生长温度下，催化剂熔融成纳米小液滴或团簇覆盖在衬底表面，气态反应物不断溶解进液态的纳米液滴当中，从而使生成物在催化剂纳米液滴的界面上成核并以此为生长点，当液滴达到饱和状态时，在其表面就会析出纳米晶核，这样，产物就会沿着纳米晶核中表面能最小的晶面生长，在催化剂液滴的引导束缚下，形成一维纳米材料。

利用 CVD 法制备的半导体纳米材料的形貌可控性强，晶体质量高。通过对生长参数的控制，对生长气氛及源的选取，衬底位置，还有温度梯度的调节可以制备出各种纳米结构。另外，CVD 法实验原理简单，仪器要求不高，成本较低，适用于大批量生产。因此，本章选择 CVD 法制备 GaN 纳米线材料。

实验中将按化学计量比称取的高纯 $Ga_2O_3$ 粉、$GeO_2$ 粉放入石英舟中，并且把 Si 衬底同时放入石英舟中，把石英舟放入管式炉中，高温通 $NH_3$ 反应形成掺杂型 GaN 纳米线。

# 5.2 表 征 方 法

我们对实验所制备的样品做 XRD、SEM、EDS 及 TEM 表征，分析所制备样品的物相组成、形貌特征及生长方向，确定所制备的样品为 Ge 掺杂的 GaN 纳米线。

# 5.3 实 验 过 程

本文实验采用单晶硅片（Si）作衬底来制备 GaN 纳米线薄膜，因为 Si 材料具有良好的热稳定性和物理性质，并且相比于 SiC 衬底，Si 衬底加工出来的成品价格便宜；相比于蓝宝石衬底，Si 衬底具有较好的导电性，而且，目前在光电器件和微电子集成方面，Si 具有非常明显的优势。虽然 Si 材料与 GaN 材料间存在热失配和晶格失配，但是多年来科学工作者们对 Si 衬底持有很大的兴趣，通过不断的研究，现在已经可以成熟地在 Si 衬底上制备 GaN 纳米线了。所以，实验中，作者采用单晶 Si 片作为衬底，采用 Pt 纳米颗粒作为催化剂，使用化学气相沉积法，基于气-液-固生长机制备 Ge 掺杂 GaN 纳米线。

## 5.3.1 实验原料与主要设备

用 Pt 催化 CVD 法在 Si(111) 衬底上制备 Ge 掺杂的 GaN 纳米线，所用的实验原料有：氧化镓（$Ga_2O_3$，99.999%）、氨气（$NH_3$，99.99%）、氧化锗（$GeO_2$，99.999%）、氮气（$N_2$，99.999%），以及浓硝酸、浓盐酸、浓硫酸、浓氨水、酒精、氢氟酸、双氧水、去离子水等。

实验是在型号为 SGQ-4-14 的高温管式炉中制备 GaN 纳米线。这种高温管式炉是以硅碳棒为加热材料，炉膛采用高纯氧化铝制作而成，炉管采用高纯氧化铝管制作而成，最高温度可以达到 1400℃，用铂铑-铂热电偶为测温元件，并用 PAN 系列精密数显智能控制仪。该设备具有很高的控温精度、很高的热效率和较低的热导率等特点。

实验过程中除了主要的反应装置管式炉外，还使用到的仪器有：氨气减压阀和氮气减压阀（控制气体压强）、氨气流量计和氮气流量计（控制气体流量）、电子天平（称 $Ga_2O_3$ 和 $GeO_2$ 粉末质量）、超声波清洗器（清洗硅衬底和石英舟）及马弗炉（干燥衬底和石英舟）。

## 5.3.2 Ge 掺杂 GaN 纳米线的制备

本文实验采用 CVD 法，使用前述退火后的 Si 片作为衬底，以高纯 $Ga_2O_3$ 粉

（99.999%）为镓源，$GeO_2$ 粉（99.999%）为掺杂源和 $NH_3$（99.99%）为氮源，基于 VLS 生长机制，在水平管式气氛炉中以一定工艺条件制备高质量 Ge 掺杂 GaN 纳米线。

基于课题组制备纯 GaN 纳米线所获得的实验条件，首先通 30min 的 $N_2$ 将管式炉中的空气排除后，以每分钟 10℃ 的升温速率直接升温到反应温度，然后通氨气 10~30min，流量设置在 100~400mL/min 之间，反应结束后，在 Si 衬底上会得到 GaN 纳米线薄膜。纳米线生长过程可以简单描述如下：高温情况下，$NH_3$ 分解产生 $H_2$，$H_2$ 还原 $Ga_2O_3$ 生成中间产物 $Ga_2O$ 和少量金属 Ga，$Ga_2O$ 和 Ga 在高温下蒸发成气态，然后，气态的 $Ga_2O$ 和 Ga 会随着 $NH_3$ 气流运动到衬底上溶解进 Pt 液滴中，在 Pt 液滴中 $Ga_2O$/Ga 与 $NH_3$ 反应生成 GaN，随着 GaN 量的增加，从 Pt 液滴中饱和析出形成 GaN 晶核，依托初始晶核，并且受到催化剂颗粒大小的束缚，GaN 以一定的晶向生长成纳米线。但是，通常情况下，$NH_3$ 在 800℃ 时可分解为 $NH_2$、$NH$、$H_2$ 及 $N_2$ 等产物，由于 $NH_2$、$NH$ 存在时间极短，$GeO_2$ 将主要在 $H_2$ 的氛围下被还原为 Ge 单质，而 Ge 单质的熔点和沸点又较低，容易形成气态的 Ge 原子参与后期的反应，反应方程如下：

$$GeO_2(s) + 2H_2(g) \longrightarrow Ge(g) + 2H_2O(g) \quad (T = 800℃)$$

$$(5-1)$$

固态 $Ga_2O_3$ 也将主要与 $H_2$ 反应形成气态的中间产物 $Ga_2O$：

$$Ga_2O_3(s) + 2H_2(g) \longrightarrow Ga_2O(g) + 2H_2O(g) \quad (T > 800℃)$$

$$(5-2)$$

中间产物 $Ga_2O$ 再与体系中的 $NH_3$ 和 Ge 单质反应，最终形成 Ge 掺杂的 GaN：

$$Ga_2O(g) + 2NH_3(g) \longrightarrow 2GaN(s) + 2H_2(g) + H_2O(g) \quad (5-3)$$

$$xGe(g) + (1-x)Ga_2O(g) + 2NH_3(g) \longrightarrow 2Ga_{1-x}Ge_xN(s) + 2H_2(g) + H_2O(g)$$

$$(5-4)$$

影响 GaN 纳米线质量的因素有很多，如先驱体、衬底、生长压力、温度、载气等，本节主要研究氨化温度、氨气流量和氨化时间对 Ge 掺杂 GaN 纳米线的影响，得到一定工艺条件下形貌较好的 Ge 掺杂 GaN 纳米线。

由于 $GeO_2$ 和 $Ga_2O_3$ 能够被氨化的温度存在差异，同时基于课题组制备纯 GaN 纳米线所获得的实验参数，设计实验方案如下（见表 5-1），探索氨气流量和氨化温度对 Ge 掺杂 GaN 纳米线形貌的影响，寻找 Ge 掺杂 GaN 纳米线的最佳工艺条件。

表 5-1 实验方案

| 样品 | 掺杂浓度 | 氨化温度/℃ | 氨气流量/mL·min⁻¹ | 氨化时间/min |
|---|---|---|---|---|
| 1 | 10:1 | 1050 | 200 | 30 |
| 2 | 10:1 | 1050 | 250 | 30 |
| 3 | 10:1 | 1050 | 300 | 30 |
| 4 | 10:1 | 1050 | 350 | 30 |
| 5 | 10:1 | 1100 | 300 | 30 |
| 6 | 10:1 | 1150 | 300 | 30 |

　　首先制备出四个样品，比较不同氨气流量对 Ge 掺杂 GaN 纳米线的影响。实验过程简述如下：首先分别称取 0.08g 的 $Ga_2O_3$ 粉末和 0.01g 的 $GeO_2$ 粉末，将退过火的硅片和 $Ga_2O_3$ 粉末放入石英舟中，镓源与 Si 衬底间距保持 1cm，在气流的上游距离镓源 3cm 左右处放置少量的 Ge 掺杂源；接着将石英舟推至 SGQ-4-14 型自动控温管式炉的恒温区，封闭好管式炉之后，通入一定流量的 $N_2$ 以便排出管式炉中的残余气体；然后按每分钟 10℃ 的升温速率对管式炉进行加热，加热至 800℃ 时，通入 200mL/min 的 $NH_3$，保持 10min，将 $GeO_2$ 粉末还原为 Ge 单质；之后再接着按每分钟 10℃ 的升温速率对管式炉进行加热，加热到 1050℃，分别设置氨气流量为 200mL/min（样品 1）、250mL/min（样品 2）、300mL/min（样品 3）和 350mL/min（样品 4），保持 30min，制备 Ge 掺杂 GaN 纳米线样品，待管式炉降温至 700℃ 时，再保持 30min；最后待管式炉自然冷却至室温时，取出硅衬底，可看到硅衬底上附着一层淡黄色的薄膜，完成 Ge 掺杂 GaN 纳米线的制备。

　　用场发射扫描电子显微镜观察样品 1、样品 2、样品 3 和样品 4 的表面形貌，结果如图 5-1 所示，（a）和（b）为样品 1 的 SEM 图，（c）和（d）为样品 2 的 SEM 图，（e）和（f）为样品 3 的 SEM 图，（g）和（h）为样品 4 的 SEM 图。

　　图 5-1（a）是样品 1 在放大倍率为 3000 倍时的 SEM 图，从图中可以发现 Si 衬底表面覆盖了少量 GaN 纳米线，且纳米线不规则地沿各个方向平铺在 Si 衬底上，纳米线较平直，但整体分布不均匀，直径变化范围是 30~150nm，长度在 10μm 左右，同时在图 5-1（a）中还发现部分片状结晶物夹杂在纳米线薄膜中，进一步放大观察倍率观察样品 1，如图 5-1（b）所示。首先可以观察到纳米线端部有 Pt 圆球颗粒存在，由此可以确定 Ge 掺杂 GaN 纳米线遵循 VLS 机制生长。在图 5-1（a）中观察到的片状结晶物是从 GaN 纳米线侧面生长出来的，呈现不规则的三角形或者四边形，对其形成的可能原因分析如下：制备样品 1 时，所使

(a)

(b)

(c)

(d)

(e)

(f)

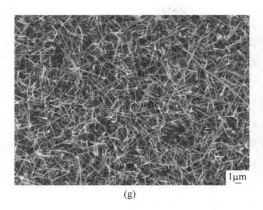

(g)           (h)

图 5-1　不同氨气流量下的 SEM 图

（a）样品 1，×3000；（b）样品 1，×10000；（c）样品 2，×3000；（d）样品 2，×20000；

（e）样品 3，×3000；（f）样品 3，×20000；（g）样品 4，×3000；（h）样品 4，×20000

用的反应源 $Ga_2O_3$ 和 $GeO_2$ 质量比为 10∶1，使得在反应过程中 Ge 含量过剩，反应初期，随着 GaN 纳米线成核生长，部分 Ge 原子随气流运动掺杂进 GaN 纳米线中，但是随着反应的继续，过量的 Ge 原子就会与 O 原子结合生成 $GeO_2$ 氧化物，这些 $GeO_2$ 也会随着气流运动吸附在 GaN 纳米线表面，随着反应继续，$GeO_2$ 堆积成核后吸附 GaN 分子，使得 GaN 从纳米线表面不规则地生长成片状结构。所以，可以认为样品 1 中的 GaN 纳米线中既有 Ge 替位杂质原子存在，又存在以 $GeO_2$ 形式吸附在纳米线侧面所形成的 GaN 纳米晶片。

图 5-1（c）是样品 2 在放大倍率为 3000 倍时的 SEM 图，从图中可以发现相较于样品 1 在 Si 衬底表面 GaN 纳米线的密度变大，纳米线较平直但粗细不均，直径变化范围在 30~150nm 之间，长度为 10~20μm，同时未观察到样品 1 中的片状结晶物，说明在氨气流量为 250mL/min 时反应比较充分。进一步放大观察倍率观察样品 2，如图 5-1（d）所示，首先可观察到纳米线端部有 Pt 圆颗粒存在，同样可确定 Ge 掺杂 GaN 纳米线遵循 VLS 机制生长；另外发现直径较大的纳米线表面有些粗糙，直径较小的纳米线表面比较光滑。

图 5-1（e）是样品 3 在放大 3000 倍时的 SEM 图，相较于样品 1 和样品 2，从图中可以观察到：（1）纳米线的密度变大；（2）纳米线平直且粗细均匀，直径在 100nm 左右，长度在 20μm 左右；（3）未观察到片状、块状和其他不规则形状的结晶物，说明在氨气流量为 300mL/min 时反应比较充分。进一步观察样品 3 在 20000 倍率下的形貌图，如图 5-1（f）所示，同样可以观察到纳米线端部有 Pt 催化剂颗粒存在，所以样品 3 遵循 VLS 生长机制。

图 5-1（g）是样品 4 在放大 3000 倍时的 SEM 图，随着氨气流量进一步增大，相较于样品 3，从图中可以观察到：（1）Si 衬底上纳米线的密度变化不大，

说明在氨气流量为 300mL/min 的条件下已足够充分反应；（2）纳米线平直且粗细均匀，直径在 100nm 左右；（3）长度变小，在 10μm 左右；（4）未观察到其他不规则形状的结晶物，说明氨气流量越大反应越充分。进一步观察样品 4 在 10000 倍率下的形貌图，如图 5-1（h）所示，同样可观察到纳米线端部有 Pt 催化剂颗粒存在，所以样品 4 遵循 VLS 生长机制。

为进一步清楚 Ge 掺杂 GaN 纳米线的物相特征，用 XRD 衍射仪对扫描结果下形貌最好的样品 3 进行成分表征，样品的 X 射线衍射谱图如图 5-2 所示，图中样品的（100）（002）（101）（102）（110）（103）（112）（201）衍射峰与标准卡上六方纤锌矿结构 GaN 的衍射峰完全符合，说明所制样品是 GaN 的六方纤锌矿单晶结构。而所得衍射谱中没有出现 $Ga_2O_3$ 的峰，说明 1050℃ 时 $Ga_2O_3$ 和 $NH_3$ 在 15min 的时间内充分发生了反应，所制备的样品具有较高的纯度。

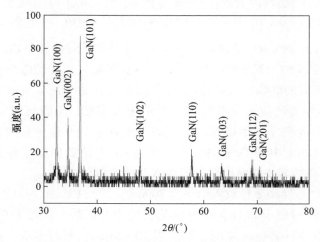

图 5-2　300mL/min 氨气流量下样品的 XRD 图

综上，在 1050℃ 的氨化温度和其他参数不变的情况下，300mL/min 氨气流量的条件下生长的纳米线具有较好的形貌特征及较好的物相。

然后我们在 1100℃（样品 5）和 1150℃（样品 6）下制备不同的样品，结合样品 3 比较氨化温度对 Ge 掺杂 GaN 纳米线的影响。制备样品 5 和样品 6 的实验过程简述如下：首先分别称取 0.08g 的 $Ga_2O_3$ 粉末和 0.01g 的 $GeO_2$ 粉末，将退过火的硅片和 $Ga_2O_3$ 粉末放入石英舟中，镓源与 Si 衬底间距保持 1cm，在气流的上游距离镓源 3cm 左右处放置称量好的 $GeO_2$ 粉末，接着将石英舟推至 SGQ-4-14 型自动控温管式炉的恒温区，封闭好管式炉之后，通入 300mL/min 流量的 $N_2$ 以便排出管式炉中的残余气体；然后按每分钟 10℃ 的升温速率对管式炉进行加热，加热至 800℃ 时，通入 200mL/min 的 $NH_3$，保持 10min；之后再接着按每分钟 10℃ 的升温速率对管式炉进行加热，分别加热到 1100℃ 和 1150℃，设置氨气流

量为 300mL/min，保持 30min，生长 Ge 掺杂 GaN 纳米线样品，待管式炉降温至
700℃时，再保持 30min；最后待管式炉自然冷却至室温时，取出硅衬底，可看到
硅衬底上附着一层淡黄色的薄膜，完成样品 5 和样品 6 的制备。

用场发射扫描电子显微镜观察样品 5 和样品 6 的表面形貌，结果如图 5-3 所

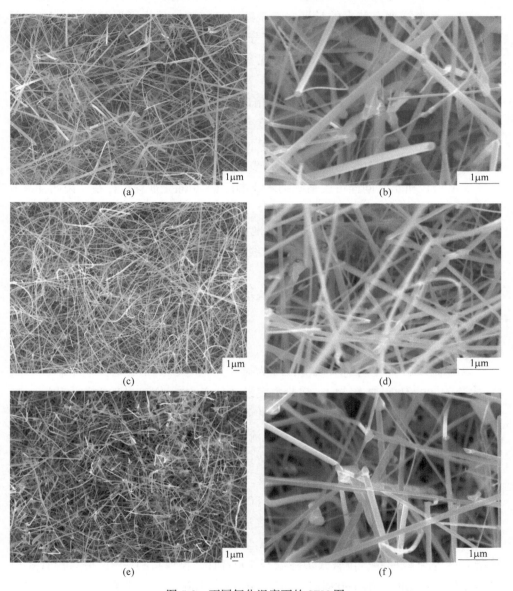

图 5-3　不同氨化温度下的 SEM 图

（a）1050℃，×3000；（b）1050℃，×20000；（c）1100℃，×3000；（d）1100℃，×20000；
（e）1150℃，×3000；（f）1150℃，×20000

示，（c）和（d）为样品 5 的 SEM 图，（e）和（f）为样品 6 的 SEM 图，结合样品 3 的 SEM 图（a）和（b）比较氨化温度对 Ge 掺杂 GaN 纳米线的影响。

图 5-3（c）是样品 5 在放大 3000 倍时的 SEM 图，相较于样品 3，从图中可以观察到：（1）纳米线的密度变得更大；（2）纳米线粗细均匀，直径在 80nm 左右；（3）纳米线拥有较大的长度并未观察到任何其他不规则形状的结晶物，说明在氨化温度为 1100℃时反应得更加充分。进一步观察样品 5 在 20000 倍率下的形貌图，如图 5-3（d）所示，同样可观察到纳米线端部有 Pt 催化剂颗粒存在，说明样品 5 遵循 VLS 生长机制。

图 5-3（e）是样品 6 在放大 3000 倍时的 SEM 图，相较于样品 3 和样品 5，从图中可以观察到：（1）纳米线的密度变小而且结晶性变差，有少量片状晶片出现；（2）纳米线平直且粗细均匀，但长度有所减小，说明氨化温度过高将不利于 Ge 掺杂 GaN 纳米线的合成。进一步观察样品 6 在 20000 倍率下的形貌图，如图 5-3（f）所示，同样可观察到纳米线端部有 Pt 催化剂颗粒存在，说明样品 6 仍然遵循 VLS 生长机制。

综上，在掺杂比例、氨化时间等其他参数不变，氨化温度为 1100℃和氨气流量为 300mL/min 的条件下，长成的纳米线具有较好的形貌特征。

## 5.4　不同浓度 Ge 掺杂 GaN 纳米线的制备及性能

### 5.4.1　样品制备

以附着有 Pt 催化剂纳米颗粒的 Si 为衬底，利用 CVD 法在管式炉中制备不同 Ge 掺杂浓度的 GaN 纳米结构，实验方案设计见表 5-2。实验过程中首先称取一定比例质量的 $Ga_2O_3$ 粉末和 $GeO_2$ 粉末，将退过火的硅片和 $Ga_2O_3$ 粉末放入石英舟中，镓源与 Si 衬底间距保持 1cm，在气流的上游距离镓源 3cm 左右处放置 $GeO_2$ 掺杂源；接着将石英舟推至 SGQ-4-14 型自动控温管式炉的恒温区，封闭好管式炉之后，通入一定流量的 $N_2$ 以便排出管式炉中的残余气体；然后按每分钟 10℃的升温速率对管式炉进行加热，加热至 800℃时，通入 200mL/min 的 $NH_3$，保持 10min，将 $GeO_2$ 粉末还原为 Ge 单质；之后再接着按每分钟 10℃的升温速率对管式炉进行加热，加热到 1100℃，氨气流量为 300mL/min，保持 30min，制备 Ge 掺杂 GaN 纳米线样品，待管式炉降温至 700℃时，再保持 30min；最后待管式炉自然冷却至室温时，取出硅衬底，可看到硅衬底上附着一层淡黄色的薄膜，完成 10:1（样品 7），8:1（样品 8）和 5:1（样品 9）三个不同浓度 Ge 掺杂 GaN 纳米线样品的制备。

表 5-2 实验方案

| 编号 | 掺杂浓度 | 氨化温度 /℃ | 氨气流量 /mL · min⁻¹ | 氨化时间 /min |
|---|---|---|---|---|
| 1 | 10 : 1 | 1100 | 300 | 30 |
| 2 | 8 : 1 | 1100 | 300 | 30 |
| 3 | 5 : 1 | 1100 | 300 | 30 |

### 5.4.2 SEM 表征

对制备的 3 个样品进行扫描电镜表征，其 SEM 图如图 5-4 所示，其中（a）（c）（e）为低倍 SEM 图，（b）（d）（f）为高倍 SEM 图。通过分析可知，随着掺杂浓度的增大：（1）结晶性在变差；（2）有弯曲的纳米线数目在减少，直纳米线的数目在增加；（3）缺陷数目在增加。

(a)  (b)  (c)  (d)

(e)　　　　　　　　　　　　　　　　　　(f)

图 5-4　不同掺杂浓度下生成的 GaN 纳米线 SEM 图

(a)（b）10 : 1;（c）（d）8 : 1;（e）（f）5 : 1

### 5.4.3　EDS 表征

在进行 SEM 分析的同时，选取少量纳米线进行 EDS 测试。能谱中含有 Ga、N、Ge、Si 四种原子，其中 Si 原子来自衬底硅片，去除 Si 的影响，Ga、N、Ge 的原子比是 53.30 : 46.54 : 0.16，杂质原子所占的比例很小，所以该掺杂属于轻掺杂。取自不同纳米线得到的 EDS 图谱（见图 5-5）都一致，说明制得的纳米线均匀有序。

### 5.4.4　XRD 表征

用 XRD 衍射仪对具有不同 Ge 掺杂比例的 GaN 纳米线样品进行成分表征，样品的 X 射线衍射谱图如图 5-6 所示，图（a）是样品 7 的 XRD 图谱，图中发现了 8 条明显的六方纤锌矿 GaN 特征衍射峰，分别处于 $2\theta$ 为 32.375°、34.517°、36.817°、48.047°、57.746°、63.355°、67.775° 和 70.474° 位置处，根据峰位计算出所得 GaN 纳米线晶格常数为 $a=b=0.3190\text{nm}$、$c=0.5193\text{nm}$；其次，在 $2\theta$ 为 40.208° 处有一个 $PtO_2$（101）晶面衍射峰，是衬底上 Pt 催化剂与 O 原子结合而成。图 5-6（b）是样品 8 的 XRD 图谱，图中只观察到了 7 条明显的六方纤锌矿 GaN 特征衍射峰，分别处于 $2\theta$ 为 32.232°、34.477°、36.680°、47.914°、57.473°、63.212°、67.443° 和 68.774° 位置处，计算出所得 GaN 纳米线晶格常数为 $a=b=0.3204\text{nm}$、$c=0.5198\text{nm}$。图 5-6（c）是样品 9 的 XRD 图谱，图中发现了 8 条明显的六方纤锌矿 GaN 特征衍射峰，分别处于 $2\theta$ 为 32.375°、34.517°、36.817°、48.047°、57.746°、63.355°、67.775° 和 69.045° 位置处，根据峰位计算出所得 GaN 纳米线晶格常数为 $a=b=0.3290\text{nm}$、$c=0.5203\text{nm}$。

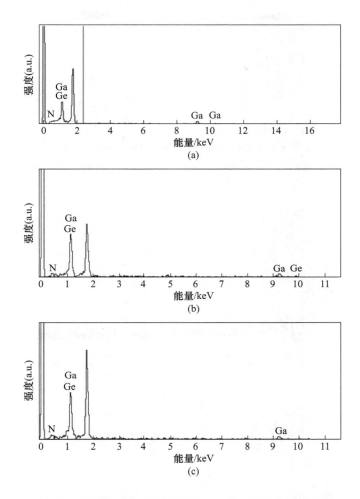

图 5-5　不同掺杂浓度下生成的 GaN 纳米线的 EDS 图谱

(a) 10∶1；(b) 8∶1；(c) 5∶1

已知，六方纤锌矿 GaN 标准 PDF 卡片（卡片编号为 50-0792）中的晶格常数是 $a=b=0.3189nm$，$c=0.5185nm$，特征峰位分别处于 $2\theta$ 为 32.387°、34.562°、36.852°、48.076°、57.774°、63.447°、67.809° 和 69.101° 位置处，通过对比样品与标准卡片，可以发现所制备的样品随着杂质浓度的增大，X 射线衍射峰出现的位置都有变化，导致计算出来的晶格常数都大于标准值。对比样品 7、样品 8 和样品 9，还发现样品 8 的晶格常数大于样品 7，样品 9 的晶格常数大于样品 8，说明随着杂质比例的增大，GaN 纳米线晶胞膨胀变大，纳米线的结晶性逐渐变差。

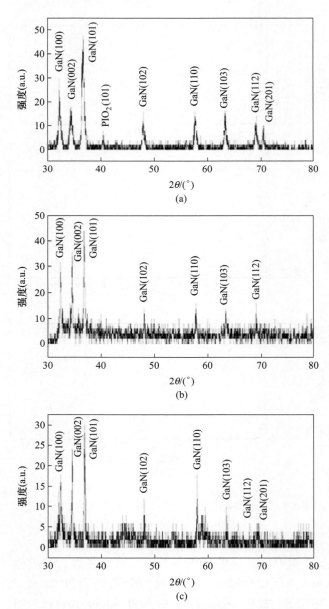

图 5-6 不同掺杂浓度下生成的 GaN 纳米线 XRD 图谱

（a）10：1；（b）8：1；（c）5：1

## 5.4.5 TEM 表征

为了进一步观察制备的 Ge 掺杂 GaN 纳米线的晶体结构及其晶向，选取样品

7 对其进行 TEM 测试，图 5-7（a）和（b）分别是样品 7 的 TEM 图像和 HRTEM 图像，插图为选区电子衍射图（SAED）。从图 5-7（a）可以看出制备的单根 GaN 纳米线表面光滑，直径为 150nm，由 SAED 图像可以看出 GaN 纳米线为单晶六方纤锌矿结构。由 HRTEM 图可以测得晶面间距为 0.25nm，对应于（002）晶面，说明 Ge 掺杂 GaN 纳米线沿（001）方向生长。

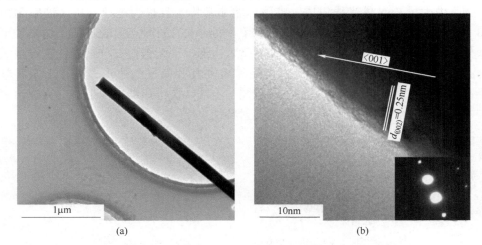

图 5-7　Ge 掺杂 GaN 纳米线 TEM 图（a）和 HRTEM 图（b）
（插图为选区电子衍射图）

## 5.5　六棱锥状 Ge 掺杂 GaN 纳米线的制备及性能

### 5.5.1　样品制备

以附着有 Pt 催化剂纳米颗粒的 Si 为衬底，利用 CVD 法在管式炉中制备 Ge 掺杂 GaN 纳米尖锥状结构。实验过程首先称取一定质量的 $Ga_2O_3$ 粉末，将退过火的硅片和 $Ga_2O_3$ 粉末放入石英舟中，镓源与 Si 衬底间距保持 1cm，在气流的上游距离镓源 3cm 左右处放置少量的 $GeO_2$ 掺杂源；接着将石英舟推至 SGQ-4-14 型自动控温管式炉的恒温区，封闭好管式炉之后，通入一定流量的 $N_2$ 以便排出管式炉中的残余气体，然后按每分钟 10℃ 的升温速率对管式炉进行加热，加热至 800℃ 时，通入 200mL/min 的 $NH_3$，保持 10min，将 $GeO_2$ 粉末还原为 Ge 单质；之后再接着按每分钟 10℃ 的升温速率对管式炉进行加热，加热到 1150℃，氨气流量为 350mL/min，保持 30min，制备 Ge 掺杂 GaN 纳米线样品，待管式炉降温至 700℃ 时，再保持 30min；最后待管式炉自然冷却至室温时，取出硅衬底，可看到硅衬底上附着一层淡黄色的薄膜，完成六棱锥状 Ge 掺杂 GaN 纳米线的制备。

### 5.5.2  SEM 表征

对制备的样品进行扫描电镜表征，为了看到其宏观整体特征，首先测试了其 500 倍率下的形貌，然后测试了其 3000 倍率、10000 倍率和 20000 倍率的 SEM 图，如图 5-8 所示。从低倍率图 5-8（a）可以看出，Si 衬底上形成的淡黄色薄膜产物是由大量 GaN 纳米线组成，整体形貌非常均匀且呈尖锥状。从高倍率 SEM 图 5-8（b）~（d）中可进一步观察到其每一根纳米线的微观形貌特征：纳米线下部分表面粗糙，上部分表面光滑，截面呈六边形。下端粗糙部分纳米线直径最大为 200nm，上部为光滑的尖锥状，可明显看到其截面呈六边形，越往上直径越小，纳米线长达几十微米。这种下端粗糙、上端六棱锥形纳米线可能会表现出更佳的电学和光学特性，比如更佳的场发射特性。

图 5-8  不同放大倍率下六棱锥状 Ge 掺杂 GaN 纳米线的 SEM 图

（a）×500；（b）×3000；（c）×10000；（d）×20000

### 5.5.3  EDS 表征

在进行 SEM 分析的同时，选取少量纳米线进行 EDS 测试，结果如图 5-9 所示。可以看到，能谱中含有 Ga、N、Ge、Si 四种原子，其中 Si 原子来自于衬底硅片，去除 Si 的影响，测得每 100 个原子中 Ga、N、Ge 三种原子所占的数量分别是 53.30、46.54 和 0.16，可以发现：（1）杂质原子所占的比例很小，所以该掺杂属于轻掺杂；（2）Ge 原子是替换了 N 原子，故这属于 p 型掺杂。另外，取自不同纳米线得到的 EDS 能谱都一致，说明制得的纳米线均匀有序。

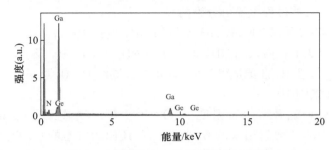

图 5-9 六棱锥 GaN 纳米线的 EDS 能谱

### 5.5.4 XRD 表征

用 XRD 衍射仪对样品进行成分表征，样品的 X 射线衍射图谱如图 5-10 所示，图中出现了 8 条明显的六方纤锌矿 GaN 特征衍射峰，分别处于 $2\theta$ 为 32.375°、34.517°、36.817°、48.047°、57.746°、63.355°、69.045° 和 71.043° 位置处，图中样品的（100）（002）（101）（102）（110）（103）（112）（201）衍射峰与标准卡上六方纤锌矿结构 GaN 的衍射峰完全符合，说明所制样品是 GaN 的六方纤锌矿单晶结构。而所得衍射谱中没有出现 $Ga_2O_3$ 的峰及 Ge 掺杂所引入的杂质峰，说明所制备的样品具有较高的纯度和结晶性。

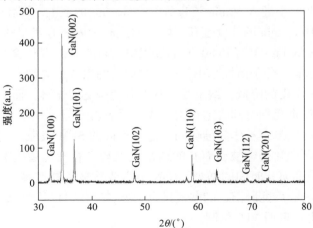

图 5-10 六棱锥 GaN 纳米线的 XRD 图谱

### 5.5.5　生长机理分析

本章结合 Ge 掺杂六棱锥 GaN 纳米线生长的工艺参数和上文测试所得的形貌特征、物相特征和组分构成对其生长机理进行分析。该样品的制备过程是采用 CVD 两步法外延生长。

该纳米线生长的过程主要可分为两步：

第一步，800℃通以 200mL/min 流量的 $NH_3$ 生长 10min。在此条件下，主要发生的化学反应如下：通入的 $NH_3$ 将分解为 $NH_2$、$NH$、$H_2$ 及 $N_2$ 等产物，此时粉末状的 $GeO_2$ 将被 $H_2$ 还原成气态的 Ge 单质，同时 $Ga_2O_3$ 会分解出一部分气态的 Ga 原子留在氛围中。

第二步，待炉温升至生长温度 1150℃时，第二次连续通入 30min 流量为 350mL/min 的 $NH_3$，分解出来的 $H_2$ 将 $Ga_2O_3$ 还原为气态的 $Ga_2O$，Pt 催化剂颗粒在高温下为熔融态，此时，熔融态的 Pt 将作为一个活跃点吸收气相反应物，$NH_3$ 携带着气态的 Ga 原子、$Ga_2O$ 及少量的 Ge 原子到达 Si 衬底表面，与 $NH_3$ 分解出的 N 原子及催化剂相互作用，形成 Ge-Pt-Ga-N 共晶化合物；随着 Ge、Ga 和 N 三种原子不断地融入混合液中，Ge-Pt-Ga-N 液相合金达到饱和，固相 $Ga_{1-x}Ge_xN$ 晶核从饱和的 Ge-Pt-Ga-N 液相合金中析出；$Ga_{1-x}Ge_xN$ 晶核析出后，Ge-Pt-Ga-N 液相合金中的 $Ga_{1-x}Ge_xN$ 成分低于平衡状态下液相合金中的 $Ga_{1-x}Ge_xN$ 成分，此时 Ga、Ge、N 的浓度会降低；由于 Ga、Ge、N 浓度的降低，Ga、Ge、N 原子又不断地融入 Ge-Pt-Ga-N 液相合金中，Ge-Pt-Ga-N 液相中 Ga、Ge、N 浓度再次升高，达到饱和，导致 Ga-Ge-N 晶体不断析出，并沿着一个方向择优生长形成 Ge 掺杂的 GaN 纳米线，此时长出的是扫面图中纳米线的下端粗糙部分。

在温度 1150℃下通入 30min 流量为 350mL/min 的 $NH_3$ 过程结束后，管式炉内的温度会以 10℃/min 的速度逐渐下降，但此时炉内还有残留的 Ga、N、Ge 单质原子，在温度从 1150℃降到 800℃的过程中，新的 GaN 晶体会继续析出，但同时随着温度的降低，分子活性减小，所以在此范围内长成的纳米线表面相对比较光滑。最后随着温度的降低，纳米线上端部分变得更加光滑，而下端部分变得更加粗糙，最后 Pt 催化剂冷却凝结在纳米线的顶端。

该实验以 Pt 纳米颗粒作为催化剂，通过前面的 SEM 表征，观察到大部分纳米线顶端存在 Pt 催化剂颗粒，而有的纳米线末端没有发现催化剂颗粒，这可能是由于氨气流量和氨化时间的增加，GaN 纳米线数量逐渐增多，长度逐渐变长，有些很小的 Pt 液滴可能脱落，随载气排出炉外，因此可以认为该实验中 Ge 掺杂 GaN 纳米线的生长遵循 VLS 机制。

本章使用化学气相沉积法，在 Si 衬底上成功制备了 Ge 掺杂 GaN 纳米线，并且使用 X 射线衍射技术、场发射扫描电子显微镜和高分辨透射电子显微镜分析所制备纳米线的物相、形貌及晶向等，主要得出以下结论：

（1）制备 Ge 掺杂 GaN 纳米线的氨化温度为 1100℃、氨气流量为 300mL/min 和氨化时间为 30min 时，所制得的样品具有较好的形貌特性和高质量的结晶性。

（2）改变反应源 $Ga_2O_3$ 和 $GeO_2$ 的质量比获得具有不同 Ge 掺杂浓度的 GaN 纳米线样品，发现：当 Ge 原子所占摩尔分数小于 5.6% 时，Ge 原子主要以替代 Ga 原子的形式掺杂进 GaN 纳米线中，纳米线样品中没有 Ge 单质或者其化合物杂质存在，纳米线纯度较高且结晶质量较好；当 Ge 原子所占摩尔分数为 11% 时，所制备的样品中 Ge 原子以替代 N 原子的形式掺杂进 GaN 纳米线中，纳米线样品中纳米线结晶质量变差。

（3）TEM 测试说明制备的 Ge 掺杂 GaN 纳米线为单晶六方纤锌矿结构，且沿（001）晶向生长。

## 参 考 文 献

［1］ DINESH J, ESWARAMOORTHY M, RAO C N R. Use of amorphous carbon nanotube brushes as templates to fabricate GaN nanotube brushes and related materials ［J］. The Journal of Physical Chemistry C, 2007, 111 (2)：510-513.

［2］ 黄英龙，薛成山，庄惠照，等．Si 基 Au 催化合成镁掺杂 GaN 纳米线 ［J］. 功能材料，2009, 40 (2)：233-235.

［3］ SHI W S, ZHENG Y F, WANG N, et al. Microstructures of gallium nitride nanowires synthesized by oxide-assisted method ［J］. Chemical Physics Letters, 2001, 345 (5/6)：377-380.

［4］ WAGNER R S, ELLIS W C. Vapor-liquid-solid mechanism of single crystal growth ［J］. Applied Physics Letters, 1964, 4 (5)：89-90.

［5］ CHEN P, WU X, LIN J, et al. Comparative studies on the structure and electronic properties of carbon nanotubes prepared by the catalytic pyrolysis of $CH_4$ and disproportionation of CO ［J］. Carbon, 2000, 38 (1)：139-143.

［6］ YU D P, HANG Q L, DING Y, et al. Amorphous silica nanowires：Intensive blue light emitters ［J］. Applied Physics Letters, 1998, 73 (21)：3076-3078.

# 6 Sb 掺杂 GaN 纳米线的制备及性能

当今是电子信息产业飞速发展的时代，人们对电子产品的依赖及追求逐渐加深，不仅对产品的外观、性能及集成度要求越来越高，对显示器件的清晰度、响应度及流畅度等也有更精细的要求，为此电子产品面临着快速的更替。传统的显示器采用阴极射线管，但工作电压高、体积大、画面品质低及功耗大等缺点已远不能满足人们的要求，而场发射显示器由于在响应速度、发光效率、色彩饱和度及能量转化率等方面具有明显的优势，成为目前最有发展潜力的显示器。

自场发射平板显示技术提出以来，人们对场发射阴极材料的选择十分关注。宽禁带直接带隙Ⅲ族氮化物半导体材料 GaN，不仅拥有优良的光学、电学性质，还具有高熔点、高击穿场强、稳定的物理和化学性质等特点[1-4]。一维 GaN 纳米材料因具有较宽的禁带和高熔点，对环境的适应性强而成为一种理想的场发射阴极材料。目前研究的 GaN 材料主要被应用于光电和微电子器件中，如果能在场发射研究方面取得好的成果，GaN 基半导体器件的综合优势将很难被其他半导体所超越，带来丰富的经济效益。

GaN 冷阴极可能获得很高的电子发射电流密度和低工作电压[5]。另外，已有的研究表明，可以通过掺杂等方式改善 GaN 纳米材料的特性，诸如电子、光学和场发射特性[6]。Sb 元素作为第 V 主族元素，有 5 个价电子，比 Ga 原子多 2 个价电子，替代 Ga 原子后成为施主杂质，形成 n 型材料，可以提高半导体材料的费米能级，降低功函数，增加导带电子浓度，从而提高场发射性能。

## 6.1 实 验 仪 器

制备 Sb 掺杂 GaN 纳米线的仪器主要是高温管式炉，实验除了主要的反应装置高温管式炉外，还使用到的仪器有：马弗炉、超声波清洗器、自动精细溅射镀膜仪、电子天平、气体流量计、真空管式高温烧结炉。马弗炉使用的是由沈阳市节能电炉厂生产的型号为 RJM-28-10，参数为 AC220V、50Hz、1200℃ 的仪器，主要用于干燥 Si 片和石英舟。超声波清洗器使用的是由集宁天华超声电子仪器有限公司生产的型号为 TH-50，参数为 AC220V、25~40kHz 的仪器，用于清洗 Si 片和石英舟。自动精细溅射镀膜仪使用的是由日本电子株式会社生产的型号为 JFC-1600 的仪器，用于溅射催化剂薄膜。电子天平使用的是型号为 FC-50、量程精度为 50g/0.001g 的仪器，用于测量实验物品的质量。气体流量计采用的是由北京红博隆精密仪器有限公司生产的型号为 MT50-3J 的仪器，目的是控制气体的流量。真空管式高温烧结炉使用的是由合肥科晶材料技术有限公司生产的型号为 GSL-1500X，参数为 AC220V、50Hz、1500℃ 的仪器，主要用于刻蚀处理溅射有催化剂薄膜的衬底。

# 6.2 实验方法和药品试剂

## 6.2.1 实验方法

本文采用化学气相沉积法，以 Pt 为催化剂、$Ga_2O_3$ 为 Ga 源、Sb 粉为掺杂源、$NH_3$ 为 N 源，在 Si 衬底上制备 Sb 掺杂 GaN 纳米线。Sb 掺杂 GaN 纳米线的生长过程描述如下：当温度达到生长温度时，通入 $NH_3$，这时 $NH_3$ 遇高温会分解为 $NH_2$、NH、$N_2$ 和 $H_2$ 等产物，其中，$Ga_2O_3$ 和 $H_2$ 发生还原反应，并生成中间产物 $Ga_2O$ 和金属 Ga，$Ga_2O$ 和 Ga 遇到高温后蒸发为气态，又因为 Sb 单质的熔点和沸点较低也蒸发为气态，与此同时，$Ga_2O/Ga$ 与 $NH_3$ 反应生成固态 GaN，由于杂质 Sb 原子的存在，生长过程中 Sb 原子掺杂进 GaN 固溶体中，最终在 Si 衬底上合成 Sb 掺杂 GaN 纳米线。

## 6.2.2 药品试剂

实验所采用的药品主要有：氧化镓粉末、锑粉、氨气、氮气、浓硝酸、浓盐酸、氨水、酒精、无水乙醇、去离子水等。浓硝酸、浓盐酸、氨水、酒精、无水乙醇、去离子水用于清洗 Si 片。氧化镓主要作为 Ga 源、锑粉作为掺杂源、氨气作为 N 源、氮气作为载气，用于制备 Sb 掺杂 GaN 纳米线。

# 6.3 样品表征方法

为了研究 GaN 纳米线的形貌、结构、晶相等特性，本书采用了场发射扫描电子显微镜、能量色散 X 射线光谱仪、X 射线衍射仪等。

# 6.4 样品制备及形貌分析

通常反应源、反应时间、反应温度、载气流量等因素直接影响 GaN 纳米线的形貌、晶相、尺寸等特征，本文主要研究氨化温度、氨化时间、氨气流量和掺杂质量比对 Sb 掺杂 GaN 纳米线形貌的影响，并制备出一定工艺条件下形貌较好的 Sb 掺杂 GaN 纳米线。

### 6.4.1　氨化温度对 Sb 掺杂 GaN 纳米线形貌的影响

采用控制变量法，通过改变氨化温度制备 Sb 掺杂 GaN 纳米线，设计实验方案见表 6-1。并分析氨化温度对 Sb 掺杂 GaN 纳米线形貌的影响。

表 6-1　实验方案

| 样品 | Sb 质量/g | Ga$_2$O$_3$ 质量/g | 氨化温度/℃ | 氨化时间/min | 氨气流量/mL·min$^{-1}$ | 质量比 |
|---|---|---|---|---|---|---|
| 1 | 0.01 | 0.15 | 1000 | 30 | 250 | 1:15 |
| 2 | 0.01 | 0.15 | 1040 | 30 | 250 | 1:15 |
| 3 | 0.01 | 0.15 | 1080 | 30 | 250 | 1:15 |

首先用电子天平称取锑粉 0.01g 和 Ga$_2$O$_3$ 粉末 0.15g，即掺杂质量比为 1:15，将其放入石英舟中，Ga$_2$O$_3$ 粉末和锑粉放在分别距 Si 衬底 1cm、1.5cm 的上游区域，之后将石英舟放于高温管式炉中间恒温区；然后，在高温管式炉设置仪表上，分别设置反应温度为 1000℃、1040℃、1080℃，反应时间为 30min，开启管式炉设备的电源，炉体升温前通入 5min 大流量 N$_2$，用于排出管式炉内的空气以防氧化，当温度达到设置的温度时，通入 250mL/min 的 NH$_3$ 保持 30min；最后待反应结束后，降温到 750℃保持 10min，之后管式炉自然降至室温，分别制得 1000℃（样品 1），1040℃（样品 2）和 1080℃（样品 3）下的样品，并用 SEM 对所制得的样品进行表征，结果如图 6-1 所示，其中（a）（c）（e）为低倍 SEM 图，（b）（d）（f）为高倍 SEM 图。

图 6-1 所示为不同氨化温度下制备的 Sb 掺杂 GaN 纳米线的低倍和高倍 SEM 图，图（a）和（b）是氨化温度为 1000℃时制备的样品 1 的 SEM 图，从 SEM 高倍图（×20000）中可以看出在 Si 衬底上分布的 GaN 纳米线长度较短，密度稀疏，可以明显地看到催化剂颗粒。这是由于温度较低，Pt 催化剂颗粒没有被完全激活，以致于生长的纳米线比较稀少。图（c）和（d）是氨化温度为 1040℃时制备的样品 2 的 SEM 图，可以看出此时制备出了大量的 GaN 纳米线，纳米线表面比较光滑且粗细均匀，长度约为 1μm，直径约为 120nm。图（e）和（f）是氨化温度为 1080℃时制备的样品 3 的 SEM 图，可以看出在 Si 衬底上生成了块状的 GaN 纳米材料，这是由于温度过高、催化剂活性较强，团聚形成的颗粒较大，催化剂颗粒的尺寸大小决定了纳米线直径的粗细，因此生成了块状的纳米结构。

通过对样品比较发现：氨化温度主要影响纳米线的密度和形貌，当温度为 1000℃时，催化剂活性不够，生成的纳米线比较稀疏；当温度为 1040℃时，生成的纳米线比较密集，表面光滑且直径粗细均匀；当温度为 1080℃时，由于温度较高，催化剂活性较强、吸附能力较强，团聚形成块状纳米结构。另外，从样品 1 和样品 2 的 SEM 图观察到生成的纳米线顶端有催化剂颗粒，说明纳米线生长遵循 VLS 机制。由此可知，在氨化温度为 1040℃时制备的 Sb 掺杂 GaN 纳米线形貌较好。因此，接下来的实验中将氨化温度设置为 1040℃。

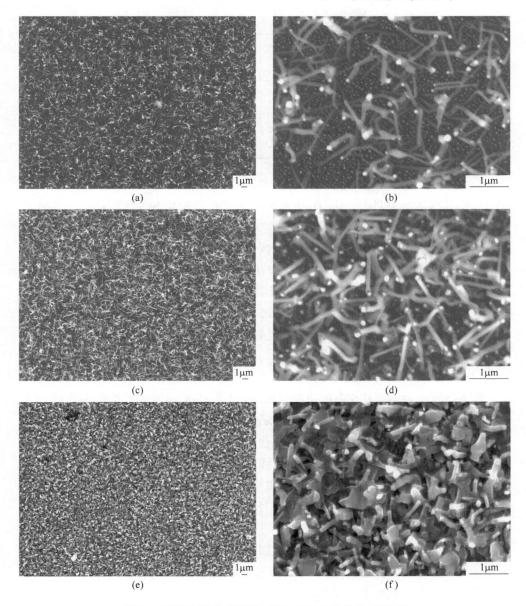

图 6-1 不同氨化温度下 Sb 掺杂 GaN 纳米线的 SEM 图
（a）（b）1000℃；（c）（d）1040℃；（e）（f）1080℃

### 6.4.2 氨化时间对 Sb 掺杂 GaN 纳米线形貌的影响

采用控制变量法，通过改变氨化时间制备 Sb 掺杂 GaN 纳米线，设计实验方案见表 6-2。并分析氨化时间对 Sb 掺杂 GaN 纳米线形貌的影响。

表 6-2　实验方案

| 样品 | Sb 质量/g | Ga$_2$O$_3$ 质量/g | 氨化温度 /℃ | 氨化时间 /min | 氨气流量 /mL·min$^{-1}$ | 质量比 |
|---|---|---|---|---|---|---|
| 4 | 0.01 | 0.15 | 1040 | 20 | 250 | 1:15 |
| 2 | 0.01 | 0.15 | 1040 | 30 | 250 | 1:15 |
| 5 | 0.01 | 0.15 | 1040 | 40 | 250 | 1:15 |

　　首先用电子天平称取锑粉 0.01g 和 Ga$_2$O$_3$ 粉末 0.15g，即掺杂质量比为 1:15，将其放入石英舟中，Ga$_2$O$_3$ 粉末和锑粉放在分别距 Si 衬底 1cm、1.5cm 的上游区域，之后将石英舟放于高温管式炉中间恒温区；然后，在高温管式炉设置仪表上设置反应温度为 1040℃，反应时间分别为 20min（样品 4）、30min（样品 2）、40min（样品 5），开启管式炉设备的电源，炉体升温前通入 5min 大流量 N$_2$，用于排除管式炉内的空气以防氧化，当温度达到 1040℃ 时，通入 250mL/min 的 NH$_3$ 分别保持 20min、30min、40min；最后待反应结束后，降温到 750℃ 保持 10min，之后管式炉自然降至室温，分别制得样品 4、样品 2 和样品 5，并用 SEM 对所制得的样品进行表征，结果如图 6-2 所示，其中（a）（c）（e）为低倍 SEM 图，（b）（d）（f）为高倍 SEM 图。

　　图 6-2 所示为不同氨化时间下制备的 Sb 掺杂 GaN 纳米线的低倍和高倍 SEM 图，图（a）和（b）是氨化时间为 20min 时制备的样品 4 的 SEM 图，从 SEM 高倍图（×20000）中可以看出在 Si 衬底上合成了大量的 GaN 纳米线，但长度较短，并且直径较小约为 80nm。图（c）和（d）是氨化时间为 30min 时制备的样品 2 的 SEM 图，与样品 4 相比，制备的 GaN 纳米线密度几乎没有变化，但是长度和直径有所增加，长度约为 1μm，直径约为 120nm，纳米线较直且粗细均匀，是由于氨化时间的增加，纳米线继续吸附 Ga 原子和 N 原子，导致纳米线在径向和轴上继续生长，从而使直径和长度增加。图（e）和（f）是氨化时间为 40min 时制备的样品 5 的 SEM 图，可以看到在 Si 衬底上合成了大量 GaN 纳米线，但是伴随着少量的结晶颗粒并且纳米线粗细不均匀。

　　通过对样品比较发现：氨化时间主要影响纳米线的长度和直径。氨化时间较短，反应不充分以致于合成的纳米线长度较短，直径较小。氨化时间较长时，合成的纳米线周围伴随有少量的结晶颗粒并且粗细不均匀。另外，从三个样品的 SEM 图中也可以看出纳米线顶端出现了催化剂颗粒，说明 Sb 掺杂 GaN 纳米线遵循 VLS 机制。由此可知，在氨化时间为 30min 时制备的 Sb 掺杂 GaN 纳米线形貌较好。因此接下来的实验中将氨化时间设置为 30min。

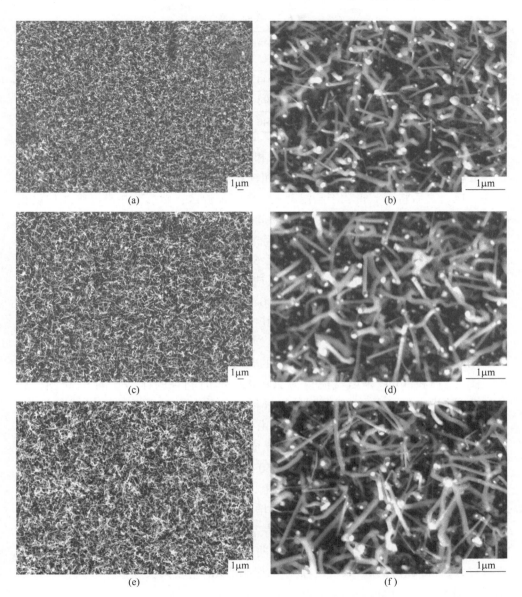

图 6-2　不同氨化时间下 Sb 掺杂 GaN 纳米线的 SEM 图
（a）（b）20min；（c）（d）30min；（e）（f）40min

### 6.4.3　氨气流量对 Sb 掺杂 GaN 纳米线形貌的影响

采用控制变量法，通过改变氨气流量制备 Sb 掺杂 GaN 纳米线，设计实验方案见表 6-3。并研究氨气流量对 Sb 掺杂 GaN 纳米线形貌的影响。

表 6-3　实验方案

| 样品 | Sb 质量/g | $Ga_2O_3$ 质量/g | 氨化温度 /℃ | 氨化时间 /min | 氨气流量 /mL·min⁻¹ | 质量比 |
|---|---|---|---|---|---|---|
| 6 | 0.01 | 0.15 | 1040 | 30 | 200 | 1 : 15 |
| 2 | 0.01 | 0.15 | 1040 | 30 | 250 | 1 : 15 |
| 7 | 0.01 | 0.15 | 1040 | 30 | 300 | 1 : 15 |

　　首先用电子天平称取锑粉 0.01g 和 $Ga_2O_3$ 粉末 0.15g，即掺杂质量比为 1：15，将其放入石英舟中，$Ga_2O_3$ 粉末和锑粉放在分别距 Si 衬底 1cm、1.5cm 的上游区域，之后将石英舟放于高温管式炉中间恒温区；然后，在高温管式炉设置仪表上设置反应温度为 1040℃，反应时间为 30min，开启管式炉设备的电源，炉体升温前通入 5min 大流量 $N_2$，用于排除管式炉内的空气以防氧化，当温度达到 1040℃时，分别通入 200mL/min（样品 6）、250mL/min（样品 2）、300mL/min（样品 7）的 $NH_3$ 保持 30min；最后待反应结束后，降温到 750℃保持 10min，之后管式炉自然降至室温，分别制得样品 6、样品 2 和样品 7，并用 SEM 对所制得的样品进行表征，结果如图 6-3 所示，其中（a）（c）（e）为低倍 SEM 图，（b）（d）（f）为高倍 SEM 图。

　　图 6-3 所示为不同氨气流量下制备的 Sb 掺杂 GaN 纳米线的低倍和高倍 SEM 图，图（a）和（b）是氨气流量为 200mL/min 时制备的样品 6 的 SEM 图，从 SEM 高倍图（×20000）中观察到纳米线稀疏地分布在 Si 衬底上，且直径较小，直径约为 100nm，长度约为 1μm，这是由于氨气流量较小，高温下分解的 $H_2$ 比较少，以致于少量的 $Ga_2O_3$ 粉末被还原成 $Ga_2O$，并且与 $NH_3$ 反应生成少量的 GaN。图（c）和（d）是氨气流量为 250mL/min 时制备的样品 2 的 SEM 图，可以看出纳米线均匀地分布在 Si 衬底上，纳米线表面光滑，形貌笔直，相比 200mL/min 时制备的纳米线，密度有所增加且直径粗细均匀，直径约为 120nm，长度约为 1μm。图（e）和（f）是氨气流量为 300mL/min 时制备的样品 7 的 SEM 图，从图中可以看出纳米线形状弯曲，表面粗糙且直径较粗，这是由于氨气流量过大，源反应充分，载气运输到催化剂沉积的量较大，成核半径大，以致于生成的纳米线直径较粗。

　　通过对样品比较发现：氨气流量主要影响纳米线的密度和直径，氨气流量较小时，源反应不充分，所以合成的纳米线比较稀疏，直径较小；氨气流量较大时，合成的纳米线直径较粗，形貌弯曲。另外，从三个样品的 SEM 图中可以看出纳米线顶端有催化剂颗粒，说明 Sb 掺杂 GaN 纳米线遵循 VLS 机制。由此可知，在氨气流量为 250mL/min 时制备的 Sb 掺杂 GaN 纳米线形貌较好。因此，接下来的实验中将氨气流量设置为 250mL/min。

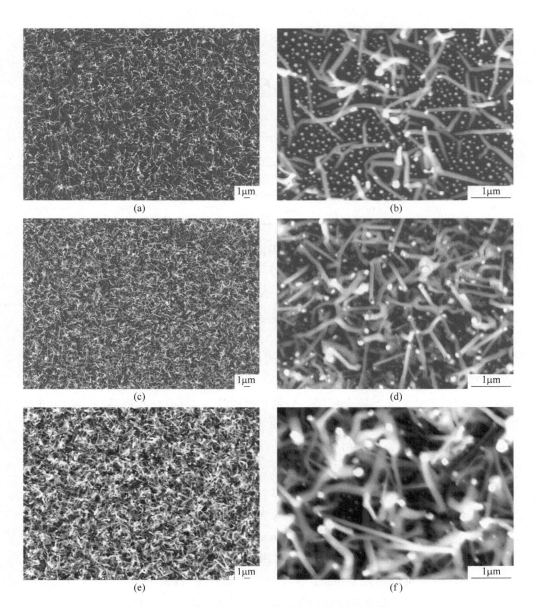

图 6-3　不同氨气流量下 Sb 掺杂 GaN 纳米线的 SEM 图

（a）（b）200mL／min；（c）（d）250mL／min；（e）（f）300mL／min

### 6.4.4　掺杂质量比对 Sb 掺杂 GaN 纳米线形貌的影响

基于以上实验结果，可以知道，当氨化温度为 1040℃、氨化时间为 30min、氨气流量为 250mL/min 时制备的 Sb 掺杂 GaN 纳米线形貌较好, 为了研究掺杂质量比对纳米线形貌的影响, 保持上述条件不变, 通过改变掺杂质量比制备 Sb 掺杂 GaN 纳米线, 设计实验方案见表 6-4。

表 6-4　实验方案

| 样品 | Sb 质量/g | $Ga_2O_3$ 质量/g | 氨化温度/℃ | 氨化时间/min | 氨气流量 /mL·min$^{-1}$ | 质量比 |
|------|-----------|------------------|-----------|--------------|-------------------------|--------|
| 8 | 0.01 | 0.20 | 1040 | 30 | 250 | 1:20 |
| 2 | 0.01 | 0.15 | 1040 | 30 | 250 | 1:15 |
| 9 | 0.01 | 0.10 | 1040 | 30 | 250 | 1:10 |

首先用电子天平分别称取锑粉 0.01g 和 $Ga_2O_3$ 粉末 0.20g、0.15g、0.10g, 即掺杂质量比分别为 1:20 (样品 8)、1:15 (样品 2)、1:10 (样品 9), 将其放入石英舟中, $Ga_2O_3$ 粉末和锑粉放在分别距 Si 衬底 1cm、1.5cm 的上游区域, 之后将石英舟放于高温管式炉中间恒温区; 然后, 在高温管式炉设置仪表上设置反应温度为 1040℃, 反应时间为 30min, 开启管式炉设备的电源, 炉体升温前通入 5min 大流量 $N_2$, 用于排除管式炉内的空气以防氧化, 当温度达到 1040℃时, 通入 250mL/min 的 $NH_3$ 保持 30min; 最后待反应结束后, 降温到 750℃保持 10min, 之后管式炉自然降至室温, 分别制得样品 8、样品 2 和样品 9, 并用 SEM 对所制得的样品进行表征, 结果如图 6-4 所示, 其中 (a) (c) (e) 为低倍 SEM 图, (b) (d) (f) 为高倍 SEM 图。

图 6-4 所示为不同掺杂质量比下制备的 Sb 掺杂 GaN 纳米线的低倍和高倍 SEM 图, 图 (a) 和 (b) 是掺杂质量比为 1:20 时制备的样品 8 的 SEM 图, 从高倍图 (×20000) 可以看出大量纳米线均匀地分布在 Si 衬底上, 纳米线表面光滑, 形状笔直, 粗细均匀, 直径约为 60nm, 长度约为 2μm; 图 (c) 和 (d) 是掺杂质量比为 1:15 制备时的样品 2 的 SEM 图, 从图中可以看出纳米线分布均匀, 表面光滑, 直径约为 120nm, 长度约为 1μm; 图 (e) 和 (f) 是掺杂质量比为 1:10 时制备的样品 9 的 SEM 图, 此时的纳米线分布比较杂乱, 直径粗细不均匀, 长度较短且纳米线表面粗糙、形状弯曲, 这可能是由于纳米线中 Sb 含量比较大的缘故。

通过对样品比较发现: 掺杂质量比对纳米线的形貌影响比较大, 掺杂浓度较大时纳米线表面变得粗糙且弯曲, 另外, 从三个样品的 SEM 图中也可以看出纳米线顶端有催化剂颗粒, 说明 Sb 掺杂 GaN 纳米线遵循 VLS 机制。

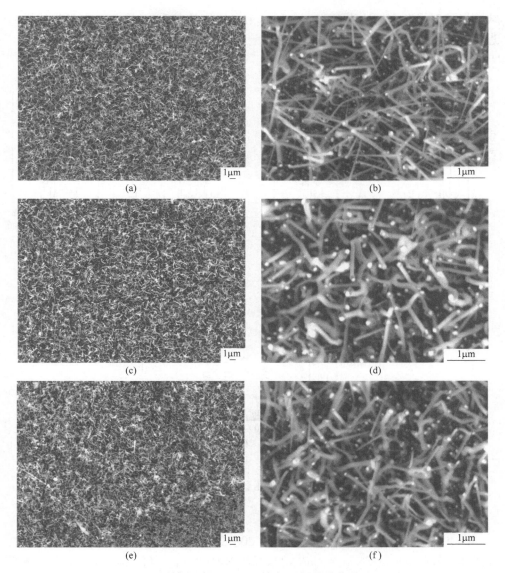

图 6-4  不同掺杂质量比下 Sb 掺杂 GaN 纳米线的 SEM 图

(a)（b）1∶20；（c）（d）1∶15；（e）（f）1∶10

## 6.5  不同掺杂质量比的 Sb 掺杂 GaN 纳米线物相分析

### 6.5.1  不同掺杂质量比的 Sb 掺杂 GaN 纳米线 XRD 分析

为了进一步研究掺杂质量比对 Sb 掺杂 GaN 纳米线物相结构的影响，用 X 射线衍射仪对掺杂质量比为 1∶20、1∶15 和 1∶10 的三个 Sb 掺杂 GaN 纳米线样品进行表征测试，测试结果如图 6-5 所示。

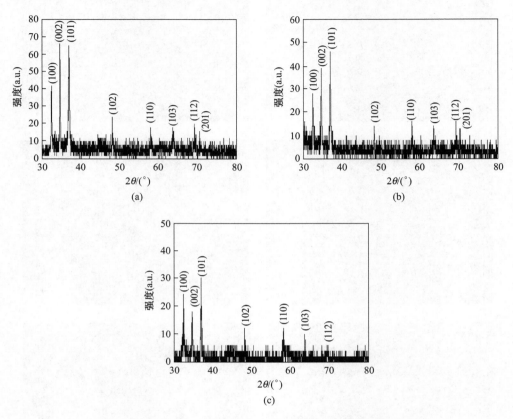

图 6-5　不同掺杂质量比的 Sb 掺杂 GaN 纳米线的 XRD 图谱

(a) 1∶20；(b) 1∶15；(c) 1∶10

　　图 6-5 所示分别为掺杂质量比为 1∶20、1∶15 及 1∶10（分别对应于样品 8、样品 2 及样品 9）的 Sb 掺杂 GaN 纳米线的 XRD 图谱。从图 6-5 可以看出 8 条明显的衍射峰，将这几条衍射峰与六方纤锌矿 GaN 标准卡片进行对照，发现与六方纤锌矿 GaN 标准卡片基本一致，分别对应于六方纤锌矿 GaN 的 (100)(002)(101)(102)(110)(103)(112) 及 (201) 衍射峰，说明所制备的 Sb 掺杂 GaN 纳米线结构为六方纤锌矿结构。此外，还发现在 XRD 图谱中没有出现 Sb 或 Sb 的化合物的杂质峰，而且随着掺杂质量比的增大，衍射峰强度减弱，这说明 Sb 已经掺杂进了 GaN 纳米线中，且纳米线的结晶性随着掺杂质量比的增大而逐渐减弱。

### 6.5.2 不同掺杂质量比的 Sb 掺杂 GaN 纳米线 EDS 分析

对不同掺杂质量比的 Sb 掺杂 GaN 纳米线样品的物相结构进行分析之后，为了测定样品中所含元素及元素的相对含量，用能量色散 X 射线光谱仪对样品进行测试，测试结果如图 6-6 所示。

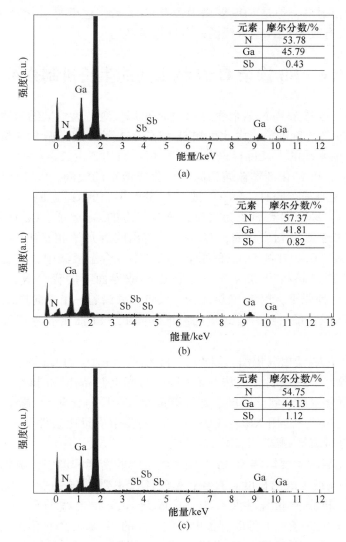

图 6-6 不同掺杂质量比的 Sb 掺杂 GaN 纳米线的 EDS 能谱

(a) 1∶20；(b) 1∶15；(c) 1∶10

图 6-6 分别是掺杂质量比为 1∶20、1∶15 及 1∶10（分别对应于样品 8、样

品 2 及样品 9）的 Sb 掺杂 GaN 纳米线的 EDS 图谱，从图中可以观察到 Sb 掺杂 GaN 纳米线样品中存在 N、Ga、Sb 三种元素，当掺杂质量比为 1∶20 时，Sb 元素的摩尔分数为 0.43%，掺杂质量比为 1∶15 和 1∶10 时 Sb 元素的摩尔分数分别为 0.82% 和 1.12%，由此可以看出，随着掺杂质量比的增大，纳米线中 Sb 元素所占的摩尔分数也逐渐增大。结合 XRD 表征结果可知，在 XRD 图中没有发现与 Sb 有关的衍射峰，但是 EDS 图谱中含有 Sb 元素，这说明 Sb 掺杂进了 GaN 纳米线中，且没有改变 GaN 纳米线的六方纤锌矿结构。

## 6.6 Sb 掺杂 GaN 纳米线的生长机制分析

通过观察 Sb 掺杂 GaN 纳米线的 SEM 图可以发现，大多数纳米线的顶端都附着有圆形的 Pt 催化剂颗粒，由此可知 Sb 掺杂 GaN 纳米线遵循 VLS 机制。于是对 Sb 掺杂 GaN 纳米线的生长过程进行如下分析：当达到生长温度时，首先向管式炉内通入 $NH_3$，Pt 催化剂颗粒遇到高温熔化成液态的液滴，Sb 粉在高温下被分解为气态的 Sb 原子，同时，$Ga_2O_3$ 被 $NH_3$ 分解出来的 $H_2$ 还原为 $Ga_2O$ 和 Ga 原子，$Ga_2O$ 和 Ga 原子遇高温成为气态，这时气态的 Ga 原子、$Ga_2O$ 及少量的 Sb 原子随 $NH_3$ 输送到 Si 衬底表面，与 $NH_3$ 分解出的 N 原子相互作用，形成 Sb-Pt-Ga-N 合金液滴，Ga、N 和 Sb 三种原子不断地融入合金液滴中，当达到晶须生长饱和度时，形成晶核析出 GaN 晶体，形成固-液界面；接着 GaN 晶核继续吸附 Ga、N 和 Sb 三种原子，以固-液界面为生长点，并沿着一个方向择优生长合成 Sb 掺杂 GaN 纳米线；最后随着管式炉内温度的降低，Pt 催化剂冷却凝结在纳米线的顶端。

本章采用化学气相沉积法，以 Pt 为催化剂，$Ga_2O_3$ 为 Ga 源、$NH_3$ 为 N 源、锑粉为掺杂源，采用控制变量法在 Si(111) 衬底上制备出 Sb 掺杂 GaN 纳米线，分别研究了氨化温度、氨化时间、氨气流量及掺杂质量比对 Sb 掺杂 GaN 纳米线形貌的影响。并进一步用 XRD、EDS 对在不同掺杂质量比条件下制备的 Sb 掺杂 GaN 纳米线进行表征测试，得出以下结论：

（1）氨化温度主要影响 Sb 掺杂 GaN 纳米线的密度和形貌，氨化时间主要影响 Sb 掺杂 GaN 纳米线的长度和直径；氨气流量主要影响 Sb 掺杂 GaN 纳米线的密度和直径；掺杂质量比主要影响 Sb 掺杂 GaN 纳米线的形貌；在 1040℃、30min、250mL/min 条件下可以制备出形貌较好的 Sb 掺杂 GaN 纳米线。

（2）制备的 Sb 掺杂 GaN 纳米线遵循 VLS 机制。

（3）掺杂后的 GaN 纳米线仍为六方纤锌矿结构，且 Sb 成功地掺杂进了 GaN 纳米线中，并且随着掺杂比例的增加，纳米线的结晶性变弱。

# 参 考 文 献

[1] NABI G, CAO C, KHAN W S, et al. Preparation of grass-like GaN nanostructures: Its PL and excellent field emission properties [J]. Materials Letters, 2012, 66 (1): 50-53.

[2] LUO L, YU K, ZHU Z, et al. Field emission from GaN nanobelts with herringbone morphology [J]. Materials Letters, 2004, 58 (22/23): 2893-2896.

[3] HA B, SEO S H, CHO J H, et al. Optical and field emission properties of thin single-crystalline GaN nanowires [J]. The Journal of Physical Chemistry B, 2005, 109 (22): 11095-11099.

[4] NABI G, CAO C, KHAN W S, et al. Synthesis, characterization, photoluminescence and field emission properties of novel durian-like gallium nitride microstructures [J]. Materials Chemistry and Physics, 2012, 133 (2/3): 793-798.

[5] DINH D V, KANG S M, YANG J H, et al. Synthesis and field emission properties of triangular-shaped GaN nanowires on Si(100) substrates [J]. Journal of Crystal Growth, 2009, 311 (3): 495-499.

[6] LIU B D, BANDO Y, TANG C C, et al. Excellent field-emission properties of P-doped GaN nanowires [J]. The Journal of Physical Chemistry B, 2005, 109 (46): 21521-21524.

# 7　C-Sn 共掺 GaN 纳米线的制备及性能

GaN 是一种优异的直接带隙半导体材料，禁带宽度大，属于Ⅲ-Ⅴ族，具有稳定的物理化学性质、高饱和电子漂移速度、高击穿场强等优越的性能。一维 GaN 纳米材料由于材料维度的降低，从而具有一系列如量子尺寸效应、表面效应、小尺寸效应、量子耦合效应等奇异的特性，对材料的光、电、磁、热、力学性能有着显著的影响。一维的 GaN 纳米线与碳纳米管和 ZnO 纳米线相比拥有更低的电子亲和势（2.7~3.3eV），功函数为 4.1eV，因此一维 GaN 纳米材料冷阴极可能获得更高的电子发射电流和更低的开启电压。通过对一维 GaN 纳米材料进一步进行掺杂和表面改性等处理，有可能会获得良好的特性，所以在 GaN 纳米材料研究开发高潮的推动下，国内外许多材料科学工作者对一维 GaN 纳米材料制备投入了巨大的研究热情。一维 GaN 纳米材料在新器件、新技术应用方面前景广阔，成为目前世界各国研究的热点。

对纳米线进行掺杂和外包覆是改善纳米线性能的重要途径，杂质元素的引入可改善 GaN 纳米材料的力学、电学、光学和磁学等性能。单个元素掺杂 GaN 纳米线研究已经很广泛和成熟，目前，多个元素掺杂开始成为 GaN 纳米线的研究重点。C、Sn 作为常见的Ⅳ主族元素，介于Ⅲ族和Ⅴ族之间，在 GaN 中可以作为施主元素。Sn 作为 GaN 材料的掺杂元素被研究得较少，而在与 GaN 同为六方纤锌矿的 ZnO 的掺杂中研究得较为广泛；C 原子对于 GaN 和 ZnO 特性的影响也有相关报道[1-4]。通过 C、Sn 掺杂可能在改善纳米线发光和场发射特性等方面均具有较好的效果。基于这些原因，本章对 C-Sn 共掺 GaN 纳米线进行了相关研究。

## 7.1　实验方法及设备试剂

### 7.1.1　实验方法

由于 GaN 材料的优良光电特性，GaN 材料在光电器材及微电子领域具有巨大的潜在应用价值，低维 GaN 材料的制备成为当前科研工作者的研究热点。目前，常用来制备 GaN 材料的方法有：化学气相沉积法、氢化物气相外延法、金属有机物化学气相沉积法、分子束外延法、磁控溅射法、溶胶-凝胶法、脉冲激光沉积法和电泳沉积法等。

本实验是通过化学气相沉积法制备 C-Sn 共掺 GaN 纳米线。化学气相沉积是指通入气体反应源，同时加热前驱体，使其和气体源发生充分反应，在一定温度下，气相分子达到凝聚临界尺寸后，成核并不断生长，从而获得一维纳米材料的方法。前驱体可以使用固体粉末、液体或者气体。通常情况下气相沉积的化学反应使用温度作为激活条件。在达到反应温度时，气态物质在衬底表面进行化学反应，在保护气体中快速凝结生成固态沉积物，制备各种材料的纳米结构。该方法的优点是工艺流程简单，易于操作，生长条件可控，成本较低，制备出的材料形貌好，适用于小规模的生产和科研工作。

### 7.1.2 实验设备及实验药品试剂

实验所用到的主要设备有：水平高温管式炉、气体流量计、电子天平等。水平高温管式炉使用的是湘潭市三星仪器有限公司生产的型号为 GQ-4-14 的高温管式炉，最高温度为 1600℃，工作电压为 220V。氨气流量计使用的是余姚市银环流量仪表有限公司生产的 ZB-3 氨气流量计，精确度为 1.5 级。电子天平使用的是 FC-50 型，量程/精度为 50g/0.001g。超声波清洗器使用的是济宁天华超声电子仪器有限公司生产的 H-50 型号超声波清洗器，超声频率为 25~40kHz。实验中用到的药品试剂有：氧化镓、氧化锡、碳粉、去离子水（纯水）和无水乙醇等。

# 7.2 衬底的选择

缺乏与 GaN 晶格匹配且热膨胀系数相近的衬底材料，是限制 GaN 器件发展的困难之一，在选择衬底材料时，一般需要考虑以下几点：（1）材料的价格、尺寸需要适当；（2）材料的热膨胀系数相近；晶格失配越小越好；（3）导电及导热性能良好；（4）材料稳定性较好。

目前，用于 GaN 薄膜外延生长的衬底材料主要有 GaN[5]、单晶硅（Si）[6]、蓝宝石（$Al_2O_3$）[7]、碳化硅（SiC）[8]等。这些衬底材料的相关性质见表 7-1。

**表 7-1 GaN 与几种常用衬底材料的性质**

| 材 料 | GaN | Si（111） | 6H-SiC | 蓝宝石 |
|---|---|---|---|---|
| 热导率/W·(cm·K)$^{-1}$ | 1.3 | 1~1.5 | 3.0~3.8 | 0.5 |
| 热膨胀系数/K$^{-1}$ | $5.59×10^{-6}$ | $2.59×10^{-6}$ | $4.2×10^{-6}$ | $7.5×10^{-6}$ |
| 晶格失配/% | — | 16.9 | 3.5 | 16 |
| 导电性 | 导电 | 导电 | 导电 | 不导电 |
| 热稳定性 | 好 | 好 | 极好 | 极好 |

（1）GaN 衬底：可以说，作为同源衬底，GaN 是外延 GaN 纳米材料的最合

适的衬底材料，但是目前很难大规模生产出较大尺寸的单晶 GaN 衬底，且 GaN 衬底价格不菲。

（2）Si 衬底：Si 衬底虽然与 GaN 的热膨胀系数相差较大，但其价格便宜，耐高温，尺寸可控，导电性较好，可直接作为电极进行测试。

（3）蓝宝石（$Al_2O_3$）衬底：由于 $Al_2O_3$ 材料容易制备、价格适当，易于清洁和处理，热稳定性好，并且尺寸大小容易控制，所以 $Al_2O_3$ 衬底是目前工业生产中外延制备薄膜的常见衬底材料，但 $Al_2O_3$ 的缺点就是衬底本身不导电，不能直接用来作电极，与 GaN 的热膨胀系数相差也较大，晶格失配率较大。

（4）SiC 衬底：SiC 导电性好，所以可直接制作电极材料，可直接进行测试，并且 SiC 与 GaN 晶格失配率较小，热膨胀系数也与 GaN 比较接近，但目前 SiC 材料价格相当昂贵。

通过综合比较外延生长 GaN 纳米材料这四种常用衬底的特点，从晶格匹配方面考虑，最好的衬底材料为 GaN、SiC 和蓝宝石，Si 相对较差。但 GaN 和 SiC 价格相对昂贵，蓝宝石不导电，测量时较麻烦，虽然 Si 的晶格失配和热失配都比较严重，但其价位较低，并且 Si 衬底可以通过表面腐蚀、加缓冲层等来弥补晶格失配和热失配等缺陷，生长出高质量的 GaN 薄膜。所以在实验中，可以选取 Si 材料作为制备 GaN 纳米线的衬底材料。

## 7.3　实验步骤及形貌分析

纳米材料的表征手段和测试方法很多，表征手段一般包括扫描电子显微镜、透射电子显微镜、X 射线衍射、能量色散 X 射线光谱仪，测试方法一般包括光学测试和电学测试，如拉曼光谱、光致发光谱等。本文主要涉及到的表征和测试方法有：场发射扫描电子显微镜、X 射线衍射、能量色散 X 射线光谱仪和场发射特性测试。

### 7.3.1　实验步骤

C-Sn 共掺 GaN 纳米材料的制备过程如下：

（1）将退过火的 Pt 催化剂 Si 衬底放入石英舟中，镓源置于衬底附近，掺杂源和镓源分开，置于镓源 1cm 远处。

（2）将石英舟置入到高温管式炉的中间恒温区。

（3）升温后，通入大流量的 $N_2$ 至 300℃以排除管内空气。关闭 $N_2$ 后再通入流量为 100mL/min 的氨气 2min，形成氨气氛围，以保护 C 粉管内气体中残余的氧气反应。

（4）待温度升高到 700℃时，通入 150mL/min 的 $NH_3$ 约 5min，用来与 $SnO_2$

反应还原出 Sn 原子。

（5）在1000~1100℃的制备温度下，通入适当的 NH₃ 作为载气和 N 源，保持适当的氨化时间来制备 C-Sn 共掺 GaN 纳米材料。

（6）高温保持结束后降温到700℃保持30min，来提高纳米材料的结晶性；然后让其自然降温至常温。

（7）收集成功制备的材料，以待测试制备的样品的相关性能。

### 7.3.2 氨化温度对 C-Sn 共掺 GaN 纳米线形貌的影响

场发射扫描电子显微镜简称扫描电镜或 SEM，是直接利用样品表面材料的物质性能进行微观成像的装置，主要用于分析样品本身的各种物理、化学性质的信息，如形貌、组成、晶体结构、电子结构和内部电场或磁场等。

为了研究氨化温度对制备 C-Sn 共掺 GaN 纳米线的形貌影响，设计了一组实验，制备条件见表7-2，取0.15g 的 Ga₂O₃ 为镓源，掺杂源的质量比例为1∶1∶15，制备条件控制氨化时间为20min，氨气流量为200mL/min 不变，分别控制氨化温度为1000℃（样品1）、1050℃（样品2）、1100℃（样品3），制备出三个样品，并比较分析氨化温度对其形貌的影响。

表 7-2　实验方案1

| 实验编号 | 氨化温度/℃ | 氨化时间/min | 氨气流量/mL·min⁻¹ | 掺杂比 |
|---|---|---|---|---|
| 样品 1 | 1000 | 20 | 200 | 1∶1∶15 |
| 样品 2 | 1050 | 20 | 200 | 1∶1∶15 |
| 样品 3 | 1100 | 20 | 200 | 1∶1∶15 |

通过扫描电子显微镜测试样品，表征其形貌，结果如图7-1所示，其中（a）（c）（e）为放大3000倍的扫描图，（b）（d）（f）为放大20000倍的扫描图。图7-1（a）和（b）为样品1的扫描图，从图中可以看出，氨化温度为1000℃时制备的 GaN 纳米材料形状为薄片状，很不规则，这可能是由于氨化温度较低，Ga₂O₃ 未被完全还原，导致制备源不充分；GaN 与催化剂成核的结晶性较低，导致形成的纳米材料未形成规则状。图7-1（c）和（d）为样品2的扫描图，氨化温度为1050℃条件下制备的 GaN 纳米线细直、表面光滑且粗细均匀，纳米线直径约为100nm，长度约为十几微米，并且纳米线均匀地分布在衬底上。从图7-1（d）的20000倍图中可以看到，在生长出的 GaN 纳米线顶端有 Pt 催化剂颗粒存在，说明纳米线的生长符合气-液-固机制。低倍图中可以看到，还有少量的块体结晶分布在衬底表面，这可能是由于掺杂导致的掺杂源和 GaN 形成的杂质晶体。图7-1（e）和（f）为样品3的扫描图，氨化温度为1100℃条件下制备的 GaN 纳米线表面比较光滑、粗细不均匀，存在大量直径较大的纳米线，这是由于样品3

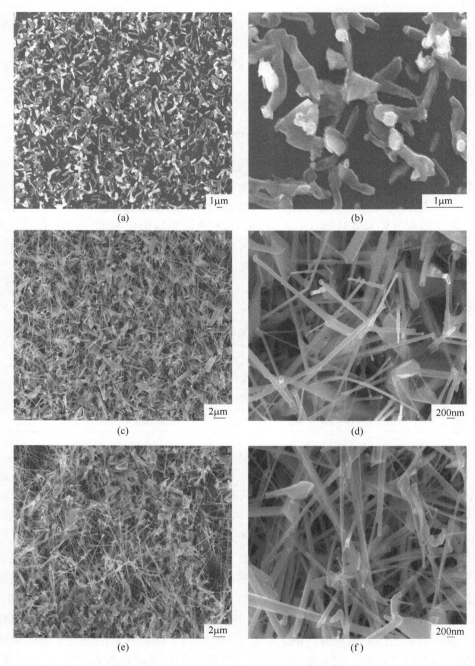

图 7-1　不同氨化温度条件下制备的 C-Sn 共掺 GaN 纳米线的 SEM 图
（a）（b）1000℃；（c）（d）1050℃；（e）（f）1100℃

的生长温度相对较高，分子活性较强，分解速率也较快，从而促使 GaN 纳米线生长速度加快。催化剂的颗粒大小决定了 GaN 纳米线的粗细程度，氨化温度越高，Si 衬底的 Pt 催化剂颗粒越容易发生团聚效应，导致 GaN 纳米线的生长点面积增加，从而越容易生长直径大的 GaN 纳米线。

通过这 3 个样品比较可知，氨化温度对纳米线的制备影响较大，当氨化温度在 1000℃时，源的反应不充分，催化剂活性不够，形成薄片状的不规则纳米材料；当氨化温度为 1050℃时，形成的纳米线粗细均匀、表面光滑，且长度较长；当氨化温度为 1100℃时，由于温度过高，源的反应较充分，催化剂活性也较高，吸附性较强，容易形成晶体团聚，导致形成块状晶体。所以在后面的实验中均选择 1050℃作为实验制备中的最宜氨化温度。

### 7.3.3 不同浓度 C-Sn 共掺对 GaN 纳米线形貌的影响

为了研究掺杂浓度对 GaN 形貌的影响，设计实验方案 2 见表 7-3，设置氨化温度为 1050℃，氨化时间为 30min，氨气流量为 200mL/min，以 0.2g 的 $Ga_2O_3$ 为镓源，掺杂质量比例相应为 1∶1∶10（样品 4），1∶1∶15（样品 5），1∶11∶20（样品 6）的条件下制备出 3 个样品。

**表 7-3 实验方案 2**

| 实验编号 | 氨化温度/℃ | 氨化时间/min | 氨气流量/mL·min$^{-1}$ | 掺杂比 |
|---|---|---|---|---|
| 样品 4 | 1050 | 30 | 200 | 1∶1∶10 |
| 样品 5 | 1050 | 30 | 200 | 1∶1∶15 |
| 样品 6 | 1050 | 30 | 200 | 1∶1∶20 |

通过 SEM 测试，对这三组样品形貌表征，结果如图 7-2 所示，分别为样品 4、样品 5 和样品 6 的扫描图。图 7-2（a）和（b）中，掺杂浓度为 1∶1∶10 时，形成的 GaN 纳米线较细直，分布均匀且密度较大，但表面附着有大量的块状晶体，这可能是由于掺杂浓度较大，杂质与催化剂颗粒成核，在 GaN 纳米线表面额外形成了杂质晶块。图 7-2（c）和（d）中，掺杂浓度为 1∶1∶15 时，GaN 纳米线分布均匀且密度较大，但纳米线长度较短，长度只有约 2μm，直径约为 200nm。图 7-2（e）和（f）中，由于掺杂浓度低，制备的纳米线表面几乎没有明显的杂质晶块存在，纳米线整体均匀细直、表面光滑，直径约为 100nm，长度在 5μm 左右，长度比较大。图 7-2 中均可在纳米线顶端看到明显的催化剂颗粒存在，说明制备纳米线符合 VLS 生长机制。

通过这 3 个样品的比较，可以发现，高掺杂浓度下纳米线表面会产生大量的杂质晶块，GaN 纳米线的结晶性不高。随着掺杂浓度的降低，GaN 纳米线表面的杂质晶块减少，且长度更大，表面更加光滑。由于掺杂浓度不同，C-Sn 共掺的

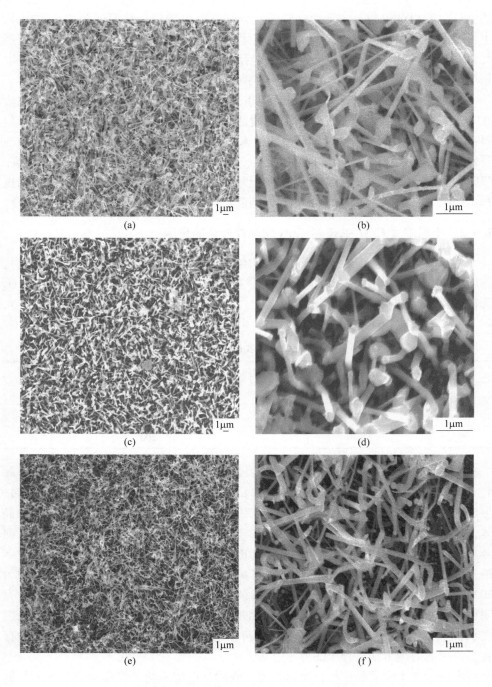

图 7-2 不同掺杂浓度的 C-Sn 共掺 GaN 纳米线的 SEM 图
(a) (b) 1:1:10; (c) (d) 1:1:15; (e) (f) 1:1:20

GaN 纳米线相关特性不同，所以选择在 1∶1∶15 和 1∶1∶20 的两组掺杂浓度下制备 C-Sn 共掺 GaN 纳米线。

### 7.3.4 掺杂比为 1∶1∶15 时氨化时间和气流量对纳米线形貌的影响

在制备掺杂质量比例为 1∶1∶15 条件下的纳米线时，取 0.15g 的 $Ga_2O_3$ 作为 Ga 源，C 粉、$SnO_2$ 均取 0.01g，氨化温度控制在 1050℃，分别用 200mL/min、300mL/min 的氨化流量，氨化时间分别取 20min 和 30min，具体实验方案见表 7-4，做了 4 个样品，并通过 SEM 测试，对其形貌进行表征，研究氨化气流量和氨化时间对 GaN 纳米线形貌的影响，结果如图 7-3 所示。

表 7-4　实验方案 3

| 实验编号 | 氨化温度/℃ | 氨化时间/min | 氨气流量/mL · min⁻¹ | 掺杂比 |
|---|---|---|---|---|
| 样品 2 | 1050 | 20 | 200 | 1∶1∶15 |
| 样品 5 | 1050 | 30 | 200 | 1∶1∶15 |
| 样品 7 | 1050 | 20 | 300 | 1∶1∶15 |
| 样品 8 | 1050 | 30 | 300 | 1∶1∶15 |

图 7-3（a）和（b）是样品 2 和样品 5 的扫描图，均在 1050℃氨化温度下，掺杂浓度为 1∶1∶15、氨气流量均为 200mL/min 时，分别在 20min 和 30min 下制备的纳米线。通过比较发现，样品 2 的纳米线表面光滑，纳米线直径较小，约为 50nm，长度较大，约为 4μm，纳米线呈底部粗壮顶部尖细的直锥针状；样品 5 中纳米线粗细均匀，直径较大，约为 200nm，这是因为由于氨化时间不同，GaN 随着催化剂颗粒成核沉积量不同，氨化时间越长，GaN 随着 Pt 催化剂沉积得越多，纳米线直径越大。图 7-3（c）和（d）是样品 7、样品 8 的扫描图，均在 1050℃氨化温度下，是在掺杂浓度为 1∶1∶15、氨气流量均为 300mL/min 时，分别在 20min 和 30min 下制备的纳米线。通过比较发现，样品 7 由于氨化时间短，GaN 纳米线直径较小，直径约为 150nm，样品 8 纳米线直径约为 250nm。同样品 2 和样品 5 的结论相同，随着氨化时间变长，沉积量越大，纳米线直径越大。样品 2 和样品 7 均是在 1050℃氨化温度下、掺杂浓度为 1∶1∶15 时，氨化时间均为 20min，分别在 200mL/min 和 300mL/min 条件下制备的纳米线。样品 2 和样品 7 相比，样品 2 的纳米线表面光滑，但直径较小，样品 7 纳米线直径较大，在纳米线表面存在大量的块状晶体，这可能是由于氨化气体流量不同，源的反应程度不同，沉积的纳米线量不同，当流量较小时，源反应不充分，载气载入与催化剂成核的量较小，所以形成了直径较小的纳米线；但流量较大时，源反应充分，并且载气载入到催化剂沉积的量较大，成核的半径较大，所以更易形成大

图 7-3　掺杂质量比为 1：1：15 的 C-Sn 共掺 GaN 纳米线的 SEM 图
（a）样品 2；（b）样品 5；（c）样品 7；（d）样品 8

直径的纳米线，并且载入的掺杂源量变大，导致在纳米线表面形成了杂质晶块。样品 5 和样品 8 均是在 1050℃氨化温度下，掺杂浓度为 1：1：15，氨化时间均为 30min，分别在 200mL/min 和 300mL/min 下制备的纳米线，通过比较发现，样品 8 的 GaN 纳米线直径比样品 5 中纳米线直径大，且表面附着有块状晶体。

### 7.3.5　掺杂比为 1：1：20 时氨化时间和气流量对纳米线形貌的影响

在制备掺杂质量比为 1：1：20 的 GaN 的纳米线时，取 0.2g 的 $Ga_2O_3$ 作为 Ga 源，杂质源 C 粉、$SnO_2$ 均取 0.01g，分别用 200mL/min、300mL/min 的氨化流量，氨化时间分别取 20min 和 30min，具体实验方案见表 7-5。并通过 SEM 测试对其形貌进行表征，结果如图 7-4 所示，通过比较，研究氨化气流量和氨化时间对 GaN 纳米线形貌的影响。

表 7-5 实验方案 4

| 实验编号 | 氨化温度/℃ | 氨化时间/min | 氨气流量/mL·min⁻¹ | 掺杂比 |
|---|---|---|---|---|
| 样品 9 | 1050 | 20 | 200 | 1:1:20 |
| 样品 6 | 1050 | 30 | 200 | 1:1:20 |
| 样品 10 | 1050 | 20 | 300 | 1:1:20 |
| 样品 11 | 1050 | 30 | 300 | 1:1:20 |

图 7-4 掺杂质量比为 1:1:20 的 C-Sn 共掺 GaN 纳米线形貌

(a) 样品9；(b) 样品6；(c) 样品10；(d) 样品11

图 7-4 (a) 和 (b) 分别是样品 9 和样品 6 的扫描图，均是在 1050℃ 氨化温度下，掺杂浓度为 1:1:20、氨气流量为 200mL/min，分别在 20min 和 30min 条

件下制备的纳米线。样品 9 纳米线细长，直径较小，约为 30nm，长约 6μm，但纳米线整体粗细不均；样品 6 的纳米线粗细均匀，直径较大，约为 150nm；由于氨化时间不同，GaN 随着催化剂颗粒成核沉积量也不同，氨化时间越长，GaN 与 Pt 催化剂沉积成核越大，制备的纳米线直径越大。图 7-4（c）和（d）分别是样品 10 和样品 11 的扫描图，是在掺杂浓度为 1∶1∶20、氨气流量均为 300mL/min 时，分别在 20min 和 30min 条件下制备的纳米线。样品 10 由于氨化时间短，GaN 纳米线直径较小，约为 100nm，样品 11 中纳米线直径约为 250nm，这也是由于随着氨化时间变长，GaN 与催化剂颗粒形成的核直径越大，纳米线直径越大。

样品 9、样品 10 分别是在 200mL/min 和 300mL/min 条件下制备的纳米线。通过比较发现，样品 9 的纳米线直径相对较小，两图中表面均未出现块状晶体，这是由于氨化气流量和掺杂浓度均低，载气载入的掺杂剂量较小，未与催化剂和 GaN 形成杂质核。样品 6、样品 11 均是在 1050℃ 氨化温度下，掺杂浓度为 1∶1∶20，氨化时间均为 30min，分别在 200mL/min 和 300mL/min 条件下制备的纳米线，通过比较发现，样品 6 的 GaN 纳米线直径较样品 11 的纳米线直径大，且表面附着有块状晶体，样品 11 的氨气流量大，源反应充分，导致 GaN 与催化剂形成的核直径变大，核诱导的纳米线的直径也变大，并且载气可载入的未反应的掺杂剂的量变大，部分多余的 GaN 与催化剂形成的核又与杂质原子形成新的杂质核，诱导出杂质晶块。

相对于质量比为 1∶1∶15 的四组实验，1∶1∶20 的杂质质量比下制备的 GaN 纳米线的结晶性更好，更加说明了掺杂浓度对纳米线形貌的影响，在低的掺杂质量比下，制备的纳米线形貌更好。

## 7.4  C-Sn 共掺 GaN 纳米线的 EDS 表征

EDS 是能量弥散 X 射线能谱，主要是用电子枪打出样品元素的特征 X 射线，然后根据特征 X 射线的能量频率来分析出是哪种元素，以及该种元素的含量。通过 SEM 图对 11 个 C-Sn 共掺 GaN 纳米线样品的形貌分析，分别选取样品 2、样品 6、样品 7 和样品 10 四个纳米线形貌较好的样品，对其进行 EDS 测试，测试结果如图 7-5 所示。

从图 7-5 中可以看到，样品 2、样品 6、样品 7 的 EDS 能图中均检测到了 N、Ga、Sn、C 四种元素，三个样品中 Sn 元素的质量分数均很小，C 元素的质量分数较大，可能是因为 Sn 是金属材料，掺杂量较小，衬底和仪器中会引入额外的 C 元素，导致 C 元素的质量分数偏大。样品 10 的 EDS 能图中，只检测到 N、Ga、Sn 三种元素，这可能是因为样品 10 是在掺杂质量比为 1∶1∶20 的条件下制备的，掺杂质量比偏低，C 元素掺入量过小，导致未被检测到。

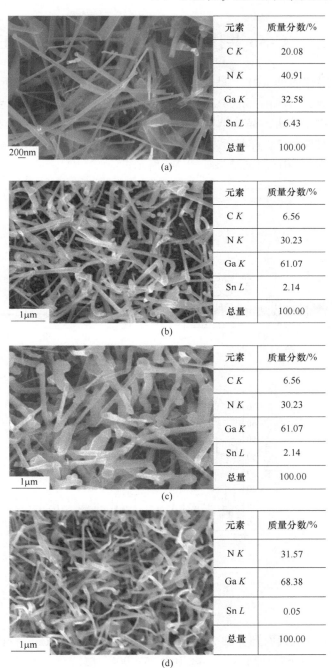

| 元素 | 质量分数/% |
|------|-----------|
| C $K$ | 20.08 |
| N $K$ | 40.91 |
| Ga $K$ | 32.58 |
| Sn $L$ | 6.43 |
| 总量 | 100.00 |

(a)

| 元素 | 质量分数/% |
|------|-----------|
| C $K$ | 6.56 |
| N $K$ | 30.23 |
| Ga $K$ | 61.07 |
| Sn $L$ | 2.14 |
| 总量 | 100.00 |

(b)

| 元素 | 质量分数/% |
|------|-----------|
| C $K$ | 6.56 |
| N $K$ | 30.23 |
| Ga $K$ | 61.07 |
| Sn $L$ | 2.14 |
| 总量 | 100.00 |

(c)

| 元素 | 质量分数/% |
|------|-----------|
| N $K$ | 31.57 |
| Ga $K$ | 68.38 |
| Sn $L$ | 0.05 |
| 总量 | 100.00 |

(d)

图 7-5 样品 EDS 测试结果

（a）样品 2；（b）样品 6；（c）样品 7；（d）样品 10

## 7.5 C-Sn 共掺 GaN 纳米线的 XRD 表征

X 射线衍射仪简称 XRD，是通过对材料进行 X 射线衍射，分析其衍射图谱，获得材料的成分、材料内部原子或分子的结构或形态等信息的研究手段。主要用于对样品进行物相分析、晶体结构分析、晶粒度测定、晶体定向和宏观应力分析等分析。分别对样品 2、样品 6、样品 7 进行 XRD 测试，表征 C-Sn 共掺 GaN 纳米线的晶体结构。XRD 测试结果如图 7-6 所示。

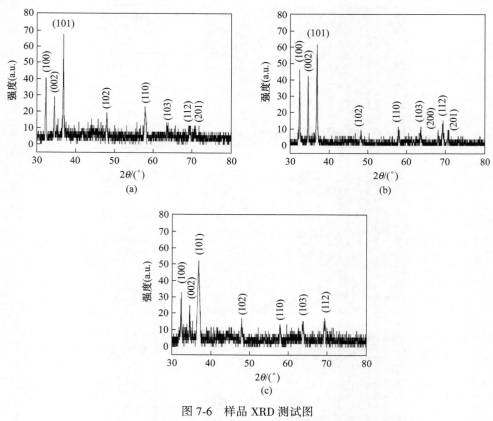

图 7-6 样品 XRD 测试图

（a）样品 2；（b）样品 6；（c）样品 7

从图 7-6 中可以读取到样品 2 有 8 条明显的六方纤锌矿 GaN 特征衍射峰，分别处于 32.44°、34.68°、36.98°、48.10°、57.90°、63.74°、69.32° 和 70.66° 处；样品 6 有 9 条明显的六方纤锌矿 GaN 特征衍射峰，衍射峰位于 32.46°、34.64°、36.98°、48.32°、57.82°、63.64°、68.04°、69.24° 和 70.74° 处；样品 7 有 7 条六方纤锌矿 GaN 特征的衍射峰，分别位于 32.50°、34.66°、36.90°、48.00°、

57.80°、63.78°和69.26°处，这说明 C-Sn 共掺 GaN 纳米线均具有 GaN 纳米线的六方结构，并且三个样品在（101）面的衍射峰强度最大，说明制备的纳米线主要沿着（101）方向生长。样品 7 中峰强度相对最小，有较多不太明显的衍射峰，这说明样品 7 的结晶性较低，制备过程中形成了无定型晶体，这可能是 C 原子和 Sn 原子引入过量所导致的；样品 2 的峰值较大，但仍有少量其他的衍射峰；样品 6 中衍射峰的峰值明显，峰分布规律，并且无其他衍射峰的存在，这说明样品 6 的 GaN 纳米线结晶性最好，且无明显的杂质峰，说明无其他晶体存在，C、Sn 原子在制备中可能是替位掺杂进入 GaN 纳米线，替的是 Ga 原子，与理论计算中 C-Sn-Ga 结构最稳定的结论对应。

采用化学气相沉积法，控制制备的工艺条件，在 Si 衬底上成功制备了多组 C-Sn 共掺 GaN 纳米线。采用扫描电镜、能量弥散 X 射线能谱、X 射线衍射仪表征样品的形貌、原子含量及晶体结构，并对样品进行场发射性能测试，主要得出以下结论：

（1）氨化温度、掺杂浓度、氨化时间及氨气流量均对纳米线形貌有较大影响。氨化温度过低，源反应不充分，催化剂活性不够。氨化温度过高，催化剂活性较高，吸附性较强，容易形成晶体团聚，导致形成块状晶体。掺杂浓度越大，纳米线表面块状结晶多，低掺杂浓度下纳米线粗细均匀，表面光滑，1：1：20 掺杂比下的纳米线形貌好于 1：1：15 掺杂比下的纳米线。氨气流量和氨化时间过高时，纳米线直径变大，表面粗糙。

（2）通过 EDS 能谱检测到 C、Sn 掺杂原子的存在。XRD 测试中均检测到了 GaN 纳米线的特质衍射峰，证明样品均具有 GaN 纳米线的六方结构。

## 参 考 文 献

[1] 张利民，张小东，尤伟，等.O，C 离子注入 n 型 GaN 的黄光发射研究［J］.核技术，2008，31（8）：595-599.

[2] 张利民.C 注入及 C+Si 和 C+Mg 共注 n 型 GaN 发光性质的研究［D］.兰州：兰州大学，2008.

[3] WILSON R G, ZAVADA J M, CAO X A, et al. Redistribution and activation of implanted S, Se, Te, Be, Mg, and C in GaN［J］. Journal of Vacuum Science & Technology A：Vacuum, Surfaces, and Films, 1999, 17（4）：1226-1229.

[4] 卞萍，孔春阳，李万俊，等.C 掺杂浓度对 ZnO 薄膜电学和结构的影响［J］.功能材料，2014，45（7）：7057-7060.

[5] KIM S T, LEE Y J, MOON D C, et al. Preparation and properties of free-standing HVPE grown GaN substrates［J］. Journal of Crystal Growth, 1998, 194（1）：37-42.

[6] ISHIKAWA H, YAMAMOTO K, EGAWA T, et al. Thermal stability of GaN on（111）Si substrate［J］. Journal of Crystal Growth, 1998, 189（15）：178-182.

［7］ OH T S, LEE Y S, JEONG H, et al. Epitaxial growth of improved GaN epilayer on sapphire substrate with platinum naiiocluster ［J］. Journal of Crystal Growth, 2009, 311 (9): 2655-2658.

［8］ SIDORENKO A, PEISERT H, NEUMANN H, et al. GaN nucleation on 6H-SiC (0001)-$(\sqrt{3} \times \sqrt{3}) R30°$: Ga and c-sapphire via ion-induced nitridation of gallium: Wetting layers ［J］. Surface Science, 2007, 601 (18): 4521-4525.

# 8 Se-Te 共掺 GaN 纳米线的制备及性能

一维 GaN 纳米线材料具有较大的长径比和纳米级发射尖端，所以被视作一种理想的场发射阴极候选材料，改善材料的场发射性能主要手段有掺杂（单掺和共掺）及包覆，而掺杂是一种比较简便易行的方法，从纳米线的掺杂制备以来，已经实现了很多元素的掺杂，单个元素掺杂如 Al 掺杂 GaN 纳米线[1]、Zn 掺杂 GaN 纳米线[2]、Mn 掺杂 GaN 纳米线[3]、Si 掺杂 GaN 纳米线[4] 及 Te 掺杂纳米线[5] 等，双元素共掺有：Sb-P 共掺 ZnO 纳米线，Fe-Ni 共掺 ZnO 纳米线[6-7] 等；综合来讲，对共掺杂的 GaN 纳米线研究较少。Se、Te 元素作为第Ⅵ主族元素，在改善材料性能上也具有较好的效果，Te 掺杂 GaN 纳米线的开启电场分别为 5.26V/μm 和 6.88V/μm，相对纯 GaN 纳米线的开启电场（仅为 9.1V/μm）减少了，并且在开启电场为 10V/μm 时，电流密度可以达到 800μA/cm² 左右，而纯 GaN 纳米线电流密度仅为 130μA/cm² 左右，改善了纳米材料的场发射特性，因此本章主要采用 Se-Te 共同作为掺杂源，制备 GaN 纳米线材料，对其场发射特性进行了分析。

## 8.1 Se-Te 共掺 GaN 纳米线的制备

通过 CVD 法，以 $Ga_2O_3$ 粉末为镓源，$NH_3$ 为氮源，Se 粉、Te 粉为掺杂源，在水平管式气氛炉中一定工艺条件下，制备 Se-Te 共掺 GaN 纳米线。影响 GaN 纳米线质量的因素有很多，如先驱体、衬底、生长压力、温度、载气及掺杂浓度等，本章主要研究氮化温度、氮气流量和氮化时间及掺杂浓度对 Se-Te 共掺 GaN 纳米线的影响，得到一定工艺条件下形貌较好的 Se-Te 掺杂 GaN 纳米线，达到可控制备。

主要实验步骤包括：（1）将覆盖有 Pt 纳米颗粒的 Si 衬底放入石英舟中，在距离 Si 衬底大约 1cm 处放置镓源，镓源与衬底中间靠近镓源处放置杂质源；（2）将石英舟放入到管式电阻炉的中间恒温区，使镓源和杂质源处于气流的上游；（3）升温开始时前，先通入 350mL/min 的 $N_2$ 30min 以排除管式电阻炉内空气，在温度升高至生长温度时，通入一定流量的 $NH_3$，并保持一定生长时间；（4）反应完成后使温度降到 700℃ 再保持 30min；（5）最后自然降至室温，收集产物。

# 8.2　实验结果与分析

## 8.2.1　不同氨化温度对 Se-Te 共掺 GaN 纳米线形貌的影响

以 0.2g $Ga_2O_3$ 为镓源，分别以 0.01g 的硒粉、碲粉为 Se、Te 杂质源，掺杂质量比例为 20∶1∶1，氨气流量设置为 300mL/min，氨化时间为 30min，在氨化温度分别为 1000℃、1050℃、1100℃、1150℃条件下制得一组样品。

用场发射扫描电子显微镜分别对样品形貌进行表征，结果如图 8-1 所示，放大倍数均为 20000 倍。图 8-1（a）为氨化温度为 1000℃条件下制备的 GaN 纳米结构，整个衬底表面出现大量的块状晶体，中间夹杂较少 GaN 纳米线，少量纳米线形貌比较平直，粗细比较均匀，这是因为温度较低时，反应速度慢，导致衬底上合成的纳米线较少；图 8-1（b）中，氨化温度为 1050℃条件下制备的 GaN 纳米线长度约为几微米，粗细不均匀，有粗有细，依然有少量块状晶体存在，GaN 纳米线及晶体杂乱无章地分布在衬底上；图 8-1（c）中，温度升高到在 1100℃时，纳米线均匀地分布在衬底上，较前两组温度来说，GaN 纳米线表面比较光滑，粗细较均匀，且生成大量直径较大、较长的纳米线，这是由于样品的生长温度相对较高，分子活性较强，分解速率也较快，从而促使 Pt 颗粒的聚集和加快 GaN 纳米线生长速度，最终形成的纳米线质量较好；图 8-1（d）中发现，温度继续增加，反应速度过快，来不及形成纳米线就聚集，使得纳米线形成纳米团簇。

综上所述，催化剂的颗粒大小决定了 GaN 纳米线的粗细程度，氨化温度越高，Si 衬底的 Pt 催化剂颗粒越容易发生团聚效应，导致 GaN 纳米线的生长点面积增加，从而越容易生长直径大的 GaN 纳米线。通过对比分析可知，氨化温度为 1100℃时，生长的 GaN 纳米线形貌相对较好，同时发现，温度不仅影响纳米线的粗细，而且影响纳米线的长度。

另外，从图中可以看出，四个样品中 GaN 纳米线都均匀分布在 Si 衬底上。GaN 纳米线顶端都存在 Pt 催化剂颗粒，说明纳米线的生长遵循气-液-固机制。

## 8.2.2　不同氨气流量对 Se-Te 共掺 GaN 纳米线形貌的影响

以 0.2g $Ga_2O_3$ 为镓源，分别以 0.01g 的硒粉、碲粉为 Se、Te 杂质源，掺杂质量比例为 20∶1∶1，氨化温度为 1100℃，氨化时间为 30min，设置氨气流量分别为 200mL/min、300mL/min、350mL/min、400mL/min 的条件下制得一组样品。

对不同氨气流量条件下制备的一组样品分别进行场发射扫描电镜表征，结果如图 8-2 所示，放大倍数均为 20000 倍。通过形貌分析发现，如图 8-2（a）所

图 8-1 不同氨化温度条件下制备的 Se-Te 掺杂 GaN 纳米线的 SEM 图

(a) 1000℃；(b) 1050℃；(c) 1100℃；(d) 1150℃

示，氨气流量为 200mL/min 时，在 Si 衬底上制备的样品下边是块状晶体，块状晶体上又长出 GaN 纳米线，纳米线密度相对较小，纳米线长度较细；氨气流量为 300mL/min 时，如图 8-2（b）所示，GaN 纳米线晶核全被激活，在衬底上的密度增加，纳米线直径均匀，表面光滑，纳米线直径和长度都相对增加，取向性好，生成高质量的纳米线；氨气流量为 350mL/min 时，如图 8-2（c）所示，制备出的 GaN 纳米线粗细较均匀，密度相对 300mL/min 时减少，块状晶体增加；氨气流量为 400mL/min 时，如图 8-2（d）所示，制备出的 GaN 纳米线粗细不均匀，数量有所减少，取向性较差，纳米线发生严重的团聚现象，这是由于高的 $NH_3$ 流量下，纳米线的生长速度较快，Ga、N 原子来不及通过热运动到达晶格点位置，便又生成了新的晶粒，这些晶粒聚集成核，只有少数晶粒沿同一方向生长。

通过对比可知，氨气流量为 300mL/min 时，生长的纳米线形貌相对较好，随着氨气流量的增加，纳米线形貌发生很大变化，最显著的是纳米线的粗细发生

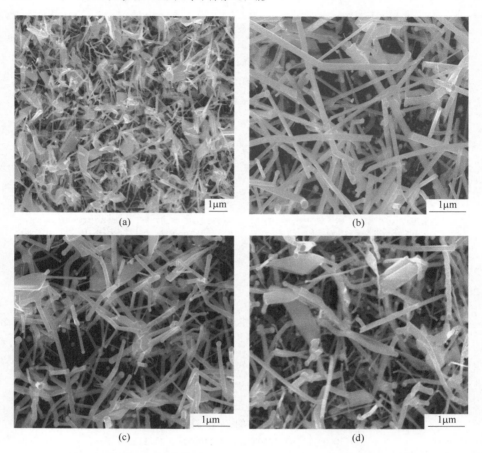

图 8-2　不同氨气流量条件下制备的 Se-Te 掺杂 GaN 纳米线的 SEM 图

（a）200mL/min；（b）300mL/min；（c）350mL/min；（d）400mL/min

了变化，此外，认真观察四个样品，纳米线尖端附着圆形的小颗粒，该小颗粒是 Pt 催化剂颗粒，这说明所制备的 Se-Te 共掺杂 GaN 纳米材料的生长机制遵循气-液-固机制。

### 8.2.3　不同氨化时间对 Se-Te 共掺 GaN 纳米线形貌的影响

以 0.2g Ga$_2$O$_3$ 为镓源，分别以 0.01g 的硒粉、碲粉为 Se、Te 杂质源，掺杂质量比例为 20∶1∶1，氨化温度为 1100℃，氨气流量设置为 300mL/min，保持氨化时间分别为 20min、30min、40min，三个条件下制得一组样品。

对不同氨化时间条件下制备的一组样品分别进行场发射扫描电镜表征，结果如图 8-3 所示，放大倍数均为 20000 倍。通过形貌分析发现：如图 8-3（a）所示，氨化时间为 20min 时合成少量的 GaN 纳米线，长度较短，约为几微米，且粗细不均匀，没有完全覆盖衬底表面；图 8-3（b）为氨化时间为 30min 时合成的 GaN 纳米线，大量的纳米线均匀地分布在 Si 衬底上，纳米线的取向性较好，表面比较平直，粗细比较均匀，且纳米线表面比较光滑，基本覆盖整个衬底表面，与 20min 生长的纳米线相比较长；图 8-3（c）为氨化时间为 40min 时合成的 GaN 纳米线，有大量纳米线生成，该样品中 GaN 纳米线粗细不均匀，在底层分布的纳米线直径较小，在表层分布的纳米线直径较大，导致这一结果的原因可能是生长时间的延长，底层的纳米线有很少 Ga 原子和 N 原子沉积在这些纳米线顶端的催化剂颗粒中，导致饱和析出而生长结束，然而表层的纳米线离气态 Ga 原子和 N 原子的氛围较近，会继续吸附周围的 Ga 原子和 N 原子，导致纳米线的径向和轴向继续生长，最终在表面形成较粗的纳米线。

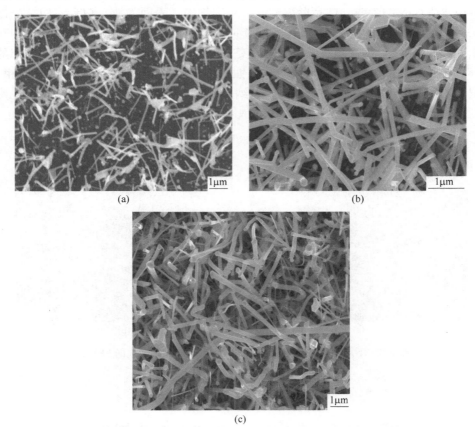

图 8-3　不同氨化时间条件下制备的 Se-Te 掺杂 GaN 纳米线的 SEM 图

（a）20min；（b）30min；（c）40min

　　通过对比可知，氨化时间为 30min 时生长的纳米线形貌相对较好，随着氨化时间的增加，纳米线的数量增加，而对纳米线的形貌影响不是很大，因此得出结论：在氨化时间达到 30min 时生长的纳米线较理想。另外，通过观察发现，三个样品中 GaN 纳米线顶端均存在 Pt 催化剂颗粒，说明纳米线的生长遵循气-液-固机制。

### 8.2.4　掺杂浓度对 Se-Te 共掺 GaN 纳米线形貌的影响

综合上述实验结果，找出形貌相对最佳的实验条件，分别是氨化温度为 1100℃，氨气流量为 300mL/min，氨化时间为 30min，在确定以上条件后，通过改变掺杂比例分别为 20∶1∶1、10∶1∶1，制备出形貌不同的样品。

对不同浓度掺杂条件下制备的样品分别进行场发射扫描电镜表征，结果如图 8-4 所示，放大倍数均为 20000 倍。图 8-4（a）是掺杂质量比为 20∶1∶1 的 Se-Te掺杂 GaN 纳米线，样品形貌较好，粗细均匀，表面光滑，纳米线的结晶性好；图 8-4（b）为掺杂浓度为 10∶1∶1 时样品的形貌，将其与图 8-4（a）作对比，发现纳米线形貌变得不好，取向性变差，有块体和少量纳米线出现，说明随着杂质掺杂浓度的增加，纳米线的结晶性变差，且样品变短，直径也变得较粗。同样地，在不同浓度的 Se-Te 共掺 GaN 纳米线的顶端也存在催化剂颗粒，这说明改变掺杂源浓度时制备的 Se-Te 共掺 GaN 纳米线的生长也遵循 VLS 机制。

　　　　　　　　(a)　　　　　　　　　　　　　　　　(b)

图 8-4　不同掺杂条件下制备的 Se-Te 掺杂 GaN 纳米线的 SEM 图

(a) 20∶1∶1；(b) 10∶1∶1

## 8.3　Se-Te 共掺 GaN 纳米线的物相分析

### 8.3.1　纯净 GaN 纳米线的物相分析

为了进行对比分析，首先给出纯净 GaN 纳米线的 EDS 能谱、元素的质量分数及 XRD 图谱，如图 8-5 所示。成分分析结果表明，纯净 GaN 纳米线中仅含有 N、Ga 两种元素。

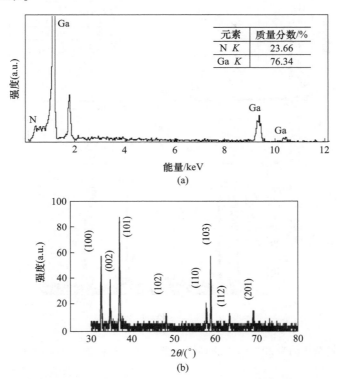

图 8-5 纯净 GaN 纳米线的 EDS 能谱（a）和 XRD 图谱（b）

用 XRD 衍射仪对纯净 GaN 纳米线样品进行成分表征，样品的 X 射线衍射谱图如图 8-5（b）所示，图中（100）（002）（101）（102）（110）（103）（112）（201）衍射峰与标准卡上六方纤锌矿结构 GaN 的衍射峰符合，说明所制样品是 GaN 的六方纤锌矿结构。另外，从图中可以看出，GaN 纳米线沿（101）方向的衍射峰最强，所以大部分纳米线都是沿（101）面择优生长的，并且峰的半高宽非常窄，说明纳米线具有良好的结晶度。

### 8.3.2 掺杂比例为 20∶1∶1 的 GaN 纳米线的物相分析

掺杂比例为 20∶1∶1 的 GaN 纳米线的 EDS 能谱、元素的质量分数及 XRD 图谱如图 8-6 所示。成分分析结果表明，GaN 纳米线中含有 N、Ga、Se 和 Te 四种元素，四种元素的质量分数如图 8-6（a）所示，可以看出 Ga、N 原子都可能被杂质原子替代。

用 XRD 衍射仪对掺杂 GaN 纳米线样品进行成分表征，结果如图 8-6（b）所

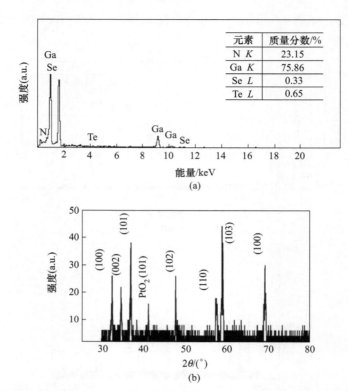

图 8-6　掺杂比例为 20：1：1 的 GaN 纳米线的 EDS 能谱（a）和 XRD 图谱（b）

示。图中（100）（002）（101）（102）（110）（103）（112）（201）衍射峰与标准卡上六方纤锌矿结构 GaN 的衍射峰符合，但 XRD 图在 $2\theta = 40.208°$ 处有一个 $PtO_2$（101）晶面衍射峰（$PtO_2$ 由衬底上 Pt 催化剂与 O 原子结合而成），除此之外样品中均没有出现其他杂质相，说明掺杂浓度为 20：1：1 的样品纯度较高，结晶度较好。

### 8.3.3　掺杂比例为 10：1：1 GaN 纳米线的物相分析

掺杂比例为 10：1：1 的 GaN 纳米线的 EDS 能谱、元素的质量分数及 XRD 图谱如图 8-7 所示。成分分析结果表明，GaN 纳米线中同样含有 N、Ga、Se 和 Te 四种元素，四种元素的质量分数与图 8-6 相比，杂质原子的质量分数增大，Ga、N 质量分数减小，可以看出 Ga、N 都可能被杂质原子替代。

用 XRD 衍射仪对掺杂 GaN 纳米线样品进行成分表征，结果如图 8-7（b）所示。图中（100）（002）（101）（102）（110）（103）（112）（201）衍射峰与标准卡上六方纤锌矿结构 GaN 的衍射峰符合，但 XRD 图在 $2\theta = 40.208°$ 处有一个 $PtO_2$（101）晶面衍射峰（$PtO_2$ 由衬底上 Pt 催化剂与 O 原子结合而成）外，在 $2\theta =$

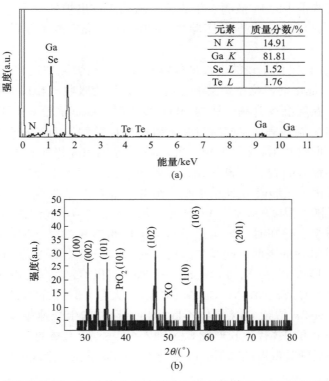

图 8-7 掺杂比为 10 : 1 : 1 的 GaN 纳米线的 EDS 能谱 (a) 和 XRD 图谱 (b)

52.325°处样品中 Se、Te 原子杂质相是杂质原子或杂质原子的氧化物，可以看出，XRD 图谱中衍射峰变弱，（103）方向的衍射峰最强，所以大部分纳米线都是沿（103）面择优生长的，并且峰的半高宽相对较宽，结晶性变弱，并且掺杂量导致晶体结构发生了微弱的变化。

综上所述，对比纯的和不同浓度掺杂的三个样品，成分分析结果表明，GaN 纳米线中同样含有 N、Ga、Se 和 Te 四种元素，随着掺杂浓度的增多，四种元素的质量分数中掺杂原子的质量分数增大，Ga、N 的质量分数减小，可以看出 Ga、N 都可能被掺杂原子替代，并且 X 射线衍射峰强度逐渐变弱，说明结晶质量也逐渐下降，最后发现掺杂量的增多会导致晶体结构发生变化。

## 8.4　Se-Te 共掺 GaN 纳米线生长机制的分析

本章实验以 Pt 纳米颗粒作为催化剂，通过前面的 SEM 表征，观察到大部分纳米线顶端存在有 Pt 催化剂颗粒，而有的纳米线顶端没有发现催化剂颗粒，这可能是由于氨气流量和氨化时间的增加，导致 GaN 纳米线数量逐渐增多、长度逐渐变长，有些很小的 Pt 液滴发生脱落，随载气排出炉外，根据绪论中所讲的两种生长机制，可以认为本章实验中 Se-Te 掺杂 GaN 纳米线的生长遵循 VLS 机制。

Se-Te 掺杂 GaN 纳米线的生长过程解释如下：在炉温到达 900℃时，存在 Si 衬底表面的 Pt 催化剂颗粒在高温下为熔融态，作为吸收气相反应物的活跃点发生反应，当炉温度继续升高，达到 900℃以上时，$Ga_2O_3$ 粉末由于载气（$NH_3$）的作用转移到 Si 衬底表面，同时与催化剂及 $NH_3$ 分解出的 N 原子相互作用，在各种作用力下形成 Pt-Ga-N 合金相，当 Ga-N 原子的浓度超过了 Pt-Ga-N 液体合金的饱和点，导致 GaN 晶体不断析出，且轴向生长速度大于径向生长速度，并沿着一个方向择优生长形成 GaN 纳米线，纯的一维 GaN 纳米线沿表面能最低的方向形成，最后随着温度的降低，Pt 催化剂冷却凝结在纳米线的顶端。

但有杂质原子存在时，杂质原子与 $Ga_2O_3$ 粉末在载气（$NH_3$）的作用下混合，并转移到 Si 衬底表面，同样与催化剂及 $NH_3$ 分解出的 N 原子相互作用，在各种作用力下形成 Pt-Se-N，Pt-Ga-Se，Pt-Te-N、Pt-Ga-Te、Pt-Ga-N（大量）合金相，当 Se-N、Ga-Se、Te-N、Ga-Te、Ga-N（大量）原子的浓度超过了液体合金的饱和点，Se-Te 掺杂 GaN 晶体不断析出，且轴向生长速度大于径向生长速度，并沿着一个方向择优生长形成 GaN 纳米线，Se-Te 共掺的一维 GaN 纳米线形成，同样，最后随着温度的降低，Pt 催化剂冷却凝结在纳米线的顶端。

## 8.5　Se-Te 共掺 GaN 纳米线的性能

对于薄膜材料来说，场致电子发射特性的测量一般有两极式结构和三极式结构，本书的场发射试验测量采用平板两极结构，制备的 Se-Te 共掺 GaN 纳米线作为电子发射的阴极，ITO 导电玻璃作为接收发射电子的阳极，阳极和阴极之间采用绝缘的聚四氟乙烯隔离，两级间距为 200μm。测量时，探针要和衬底紧密接触，放下金属钟罩，抽真空至 $4 \times 10^{-4}$ Pa 以下，然后使用直流电源在两电极间加高电压，通过电压表和电流表读取示数并记录，最终计算并且绘制样品的 $J$-$E$ 曲线和 F-N 曲线。

对测试数据进行处理，以电场强度 $E$ 为横坐标，电流密度 $J$ 为纵坐标，绘制出不同掺杂比例的 $J$-$E$ 曲线，如图 8-8～图 8-10（a）所示；以 $1/E$ 为横坐标，以 $\ln J/E^2$ 为纵坐标绘制出 F-N 曲线，如图 8-8～图 8-10（b）所示。

图 8-8 是纯 GaN 纳米线的场发射特性曲线，若定义发射电流密度达到 $100μA/cm^2$ 所需的场为开启电场，那么从图中可以看出，纯 GaN 纳米线的开启电场为 9.1V/μm；外加阈值电场为 15.2V/μm 时，最大的电流密度为 $750μA/cm^2$；当电场小于 6V/μm 时，电流密度 $J$ 随电场 $E$ 的增加基本不变，当电场大于

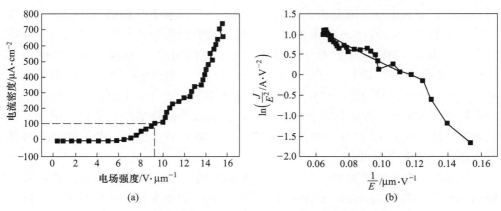

图 8-8　纯 GaN 纳米线的 *J-E* 曲线（a）和对应的 F-N 曲线（b）

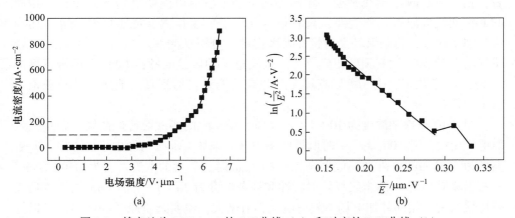

图 8-9　掺杂比为 20∶1∶1 的 *J-E* 曲线（a）和对应的 F-N 曲线（b）

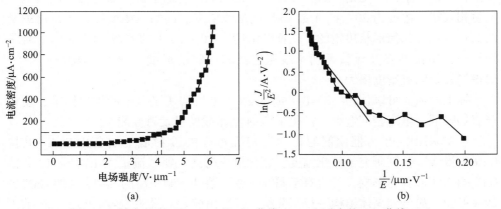

图 8-10　掺杂比为 10∶1∶1 的 *J-E* 曲线（a）和对应的 F-N 曲线（b）

6V/μm时，电流密度 $J$ 随电场 $E$ 的增大而增大。再观察 F-N 曲线变化趋势，发现在外加电场为 6~16V/μm 范围内的电子发射属于场致电子发射，对应外加电场较大时，场发射电流显著。基于此结果，可以对纯的 GaN 纳米线的场发射特性 F-N 曲线的拟合解释如下：（1）在电场低的条件下，进入半导体导带的电子主要来源于越过势垒的热电子，热电子克服势垒需要的能量是一定的，所以电流密度 $J$ 基本上不随电场 $E$ 的变化而变化，而且具有克服势垒能量的电子数目很少，所以电流密度很小；（2）在电场高的条件下，势垒变窄、变低，电子能够很容易发生隧穿，电流密度增大。

图 8-9 是掺杂浓度为 20∶1∶1 的 GaN 纳米线的场发射特性曲线，若定义发射电流密度达到 $100\mu A/cm^2$ 所需的场为开启电场，那么从图中可以看出，开启电场为 4.5V/μm；外加阈值电场为 6.5V/μm 时，最大的电流密度为 $900\mu A/cm^2$ 左右，相对纯 GaN 纳米线来说，相同外加电场下发射电流明显增大，而且其相应的 F-N 曲线近似为一条直线，只有很少几个点发生偏离，说明场发射电子比纯 GaN 纳米线好，掺杂后场发射特性大大提高。分析认为 Se、Te 共掺后 GaN 纳米线的场发射特性变好原因如下：（1）解决电子的供给问题；（2）在导带下形成了 Se、Te 杂质带，电子可以直接从这些杂质能级发射到真空能级。这与理论分析十分符合。

图 8-10 是掺杂浓度为 10∶1∶1 的 GaN 纳米线的场发射特性曲线，若定义发射电流密度达到 $100\mu A/cm^2$ 时所需的场为开启电场，那么从图中可以看出，开启电场为 4.2V/μm；外加阈值电场为 6.2V/μm 时，最大的电流密度为 $1050\mu A/cm^2$ 左右，相对纯 GaN 纳米线场发射特性和掺杂浓度为 20∶1∶1 的 GaN 纳米线场发射特性来说，相同外加电场下发射电流稍有增大，说明杂质原子的增多，可以提供更多的发射电子，但其相应的 F-N 曲线没有掺杂浓度为 20∶1∶1 的 GaN 纳米线拟合得好，整体上也是一条直线，依然说明场发射电子占主体地位，其他电子发射相较掺杂浓度为 20∶1∶1 的 GaN 纳米线增多。已知，场增强因子是由纳米线的长径比及几何形状决定的，从掺杂浓度为 10∶1∶1 的 GaN 纳米线的形貌可知，Se、Te 的共掺又导致了纳米线粗糙凸起形状的形成，增大了场增强因子，使得场发射电流密度增大。

综上所述，可以认为，Se-Te 共掺 GaN 纳米线解决了电子的供给问题，使得开启场降低，电流密度增大，优化了 GaN 纳米线的场发射性能。

本章采用以 Pt 为催化剂的化学气相沉积法在 Si 衬底上制备出 Se-Te 共掺 GaN 纳米线。分别研究了氨化温度、氨化反应时间、氨气流量大小对 Se-Te 共掺 GaN 纳米线形貌的影响，然后对不同掺杂浓度条件下制备出的 Se-Te 共掺 GaN 纳米线形貌、成分和晶体结构进行了分析，选取出较好质量的 Se-Te 共掺 GaN 纳米线并对其进行场发射测试，分析了场发射性能。得到的主要结论如下：

（1）通过分析氨化温度、氨化反应时间及氨气流量大小对 Se-Te 掺杂 GaN 纳米线形貌的影响可知，氨化温度对 Se-Te 共掺 GaN 纳米线的粗细影响显著，氨化反应时间对 Se-Te 共掺 GaN 纳米线的长度影响显著，氨气流量的大小对衬底上 Se-Te 共掺 GaN 纳米线的密度影响显著。

（2）通过研究不同掺杂质量比条件下制备出的 Se-Te 共掺 GaN 纳米线形貌、成分和晶体结构可知，Se-Te 共掺 GaN 纳米线不同掺杂浓度对纳米线形貌影响很大，但随着掺杂比例增加，会使纳米线的表面变得粗糙，并使纳米线的结晶性降低。

（3）通过控制最佳实验制备条件，对不同浓度 Se-Te 共掺 GaN 纳米线进行场发射测试可知，Se-Te 杂质原子的引入，可以增加场增强因子，改善纳米线的场发射特性。

（4）实验制备的 Se-Te 掺杂 GaN 纳米线生长遵循 VLS 机制。

# 参 考 文 献

[1] YIN L W, BANDO Y, ZHU Y C, et al. Indium-assisted synthesis on GaN nanotubes [J]. Applied Physics Letters, 2004, 84 (19): 3912-3914.

[2] 梁建, 王晓宁, 张华, 等. Zn 掺杂 Z 形 GaN 纳米线的制备及表征 [J]. 人工晶体学报, 2012, 41 (1): 36-46.

[3] XU C, CHUN J, LEE H J, et al. Ferromagnetic and electrical characteristics of in situ manganese-doped GaN nanowires [J]. The Journal of Physical Chemistry C, 2007, 111 (3): 1180-1185.

[4] LIU J, MENG X M, JIANG Y, et al. Gallium nitride nanowires doped with silicon [J]. Applied Physics Letters, 2003, 83 (20): 4241-4243.

[5] ZHANG Y, LI E, MA D, et al. Field emission properties of the Te-doped pseudohydrogen passivated GaN nanowires: A first principle density functional study [J]. Computational Materials Science, 2014, 83: 277-281.

[6] WANG Z, LIU B, YUAN F, et al. Synthesis and cathodoluminescence of Sb/P co-doped GaN nanowires [J]. Journal of Luminescence, 2014, 145: 208-212.

[7] DHIMAN P, BATOO K M, KOTNALA R K, et al. Room temperature ferromagnetism and structural characterization of Fe, Ni co-doped ZnO nanocrystals [J]. Applied Surface Science, 2013, 287: 287-292.

# 9  GaN/AlN 核壳结构纳米线的制备及理论研究

高速发展的电子信息行业助推了微电子技术进步。其中一维纳米半导体材料因独特结构表现出异于块体材料的物理化学新性能成为关注热点。随着研究不断深入，设计兼具两种材料特性的一维异质结构的新研究思路促成了大量新型材料的诞生。核壳纳米线正是研究的理想材料，展现出优于单一材料的光电磁热等多功能化特征，成为复合材料领域一种重要的研发趋势。GaN 和 AlN 作为Ⅲ族氮化物的代表，是发展新一代发光照明、探测等光电器件的基础材料，两种材料的结合为纳米材料的应用提供了广阔的空间，在光电子、微电子、新能源领域具有重要的应用潜力。核壳结构纳米线在光电材料领域有重要的科研价值。而 GaN 与 AlN 材料各自拥有优异的光学特性，且晶体结构相似，相互组合成核壳结构，有望设计出在照明、显示等领域有着潜在应用价值的复合新材料，因此通过对 GaN/AlN 核壳结构纳米线的组成成分、结构特征、生长因素等方面的控制，为该核壳结构纳米线在纳米光学器件方面的应用提供一定的理论基础。

## 9.1  理论计算概念简介

### 9.1.1  第一性原理

20 世纪兴起和发展的量子力学推开了探究物质根本性质的大门，是人们认识和理解微观世界的基础。伴随计算机运算能力高速发展，计算材料学不断发展为材料领域的重要分支，理论模拟可准确预测材料特性，进一步降低实验成本与时间消耗且为设计新型材料提供思路和可能性。进而提出了第一性原理计算方法，该方法摒弃了经验参数，遵循 Schrödinger 方程，计算多粒子体系研究电子结构，进而获得材料相关性能。不同于材料学中应用各类经验公式的可靠度与普适度都需待验证，第一性原理在强大计算资源的前提下，提供材料微观结构，采用量子力学结合其他相关物理规律并通过自洽计算就可理论性预测材料性质（电子结构，光学、力学、磁学性质等)[1]。利用量子力学理论分析体系的波函数包含纳米结构的所有信息，进而归结于求解多粒子系统在有心力场中的 Schrödinger 方程，即：

$$H\psi(r, R) = E\psi(r, R) \tag{9-1}$$

式中  $R$ ——核坐标；

　　$r$ ——电子坐标；

　　$\psi$ ——系统波函数；

　　$H$ ——哈密顿量；

　　$E$ ——电子的基态能量，与时间无关。

具体公式如下：

$$H = -\sum_i \frac{\hbar^2}{2m_i}\nabla i^2 - \sum_I \frac{\hbar^2}{2M_I}\nabla I^2 - \sum_i \sum_I \frac{e^2 Z_I}{r_i I} + \sum_{i<j} \frac{e^2}{r_{ij}} + \sum_{I<J} \frac{Z_I Z_J}{r_{IJ}} \tag{9-2}$$

式中  $e$ ——基本电荷单位；

　　$m$ ——电子质量；

　　$M$ ——原子核质量；

$\sum_i \dfrac{\hbar^2}{2m_i}\nabla i^2$ ——电子动能；

$\sum_I \dfrac{\hbar^2}{2M_I}\nabla I^2$ ——原子核动能；

$\sum_i \sum_I \dfrac{e^2 Z_I}{r_i I}$ ——电子与原子核相互作用的库仑力；

$\sum_{i<j} \dfrac{e^2}{r_{ij}}$ ——电子与电子相互作用的库仑力；

$\sum_{I<J} \dfrac{Z_I Z_J}{r_{IJ}}$ ——核与核相互作用的库仑力。

其中电子与原子核相互作用较为复杂，数学方程难以解答。对于复杂多个粒子体系而言，精确地用方程求解计算量过大难以完成。

### 9.1.2 波恩-奥本海默近似

M. Born[2]分析分子体系 Schrödinger 方程时指出，由于原子核惯性质量与电子质量比较重，因而速度也不处于同一数量级，认为核缓慢地追随电子的运动，特征频率相差甚远。所以可将核与电子两者的方程进行分离，近似脱耦。将多体波函数分离开后，原子核坐标仅为处理电子运动项的参考系。所以只需求解电子的 Schrödinger 方程即可，将多体问题转换为多电子问题。将方程分为电子和核状态两部分：

$$\psi(r, R) = \psi_N(R) \cdot \psi_{el}(r, R) \tag{9-3}$$

$$H_{el}(R) \cdot \psi_{el}(r) = E(R) \cdot \psi_{el}(r) \tag{9-4}$$

设定哈密顿量的第二项近似为 0，第五项为一定值，进一步简化方程为：

$$H_{el} = T_e(\boldsymbol{r}) + V_e(\boldsymbol{r}) + V_N(\boldsymbol{R}) + V_{e\text{-}N}(\boldsymbol{r}, \boldsymbol{R}) \tag{9-5}$$

### 9.1.3    单电子近似

虽然分离出电子方程，但数目庞大，互相作用复杂，求解仍有难度。需对其进行进一步简化。1930 年，Hartee 与 Fock 提出：具有周期性结构的晶体中不同晶胞同一位置上的原子同一能态的电子波函数仅有相位上的差别，而这种相位差别在多体问题中可忽略，将电子多体问题 Schrödinger 方程的解简化为单电子波函数的乘积，被称为 Hartee-Fock 自洽场近似[3]。将 $n$ 个电子坐标函数的体系电子波函数近似为所有单电子波函数乘积的线性叠加，即：

$$\psi(q_1, q_2, \cdots, q_n) = \psi_1(q_1)\psi_2(q_2)\cdots\psi_n(q_n) \tag{9-6}$$

每一个单电子运动函数只与其他电子的密度分布坐标有关。波函数的乘积就是 Hartree 乘积。第 $n$ 个电子的位置坐标为 $q_n$。

电子的 Hamiltonian 量分为三部分：电子动能项、电子与原子核间库仑作用项、电子之间库仑排斥作用项。其中第三项库仑相互作用项属于二体项难以求解。Hartree 提出假设，将这种复杂作用平均化，即认为电子之间相互作用是不瞬时状态，而是处在其他电子平均场中，即为平均场近似原理，将这种外势命名为 Hartree 势。单电子哈密顿算符写作：

$$h_i = -\frac{\hbar^2}{2m_i}\nabla i^2 + \sum_{j(\neq i)}\int \mathrm{d}\boldsymbol{r}' \frac{|\boldsymbol{\Phi}_j(\boldsymbol{r}')|^2}{|\boldsymbol{r}' - \boldsymbol{r}|} + V_{ext}(\boldsymbol{r}) \tag{9-7}$$

将体系中其他电子的库仑相互作用归类于一个平均场近似，但是未考虑电子的交换关联作用。从而用单电子的波函数乘积来代表多电子波函数时，要求具有反对称化特性，但费米子不满足此要求。然而，其他电子的位置对相互作用影响很大，平均化相互作用会省略了一部分作用。所以，在之后的 1930 年 Fock 改进并采用 Slater 行列式表达多电子的波函数：

$$\boldsymbol{\Phi} = \frac{1}{\sqrt{N!}} \begin{vmatrix} \boldsymbol{\Phi}_1(r_1, s_1) \boldsymbol{\Phi}_2(r_1, s_1) \cdots \boldsymbol{\Phi}_3(r_1, s_1) \\ \boldsymbol{\Phi}_1(r_2, s_2) \boldsymbol{\Phi}_2(r_2, s_2) \cdots \boldsymbol{\Phi}_3(r_2, s_2) \\ \vdots \\ \boldsymbol{\Phi}_1(r_N, s_N) \boldsymbol{\Phi}_2(r_N, s_N) \cdots \boldsymbol{\Phi}_3(r_N, s_N) \end{vmatrix} \tag{9-8}$$

推导出 Hartree-Fock 方程的最终形式[4]：

$$\left[ -\frac{\hbar^2}{2m_e}\nabla i^2 + V_{ext}(\boldsymbol{r}) + \sum_{j(\neq i)}\int \mathrm{d}\boldsymbol{r}' \frac{|\boldsymbol{\Phi}_j(\boldsymbol{r}')|^2}{|\boldsymbol{r}' - \boldsymbol{r}|} + V_X(\boldsymbol{r}) \right] \boldsymbol{\Phi}_i(\boldsymbol{r}) = E_i \boldsymbol{\Phi}_i(\boldsymbol{r}) \tag{9-9}$$

式中   $V_X(\boldsymbol{r})$ ——电子互相交换作用。

成功把多电子的 Schrödinger 方程进一步替换成单电子的 Schrödinger 方程。

#### 9.1.4 密度泛函理论

因为 Hartree-Fock 方法完全忽略了电子关联项，且电子数目多，计算量呈指数增长，不再适合，进而引发了新运算方法的产生。

密度泛函理论（DFT）是考虑电子波函数分布密度来求解 Schrödinger 方程的一种近似。合理地在算法中涉及电子之间交换与关联作用，可以得到更为准确的预测结果。DFT 计算方法的推出，促使多电子系统计算出现希望，进而大幅推动计算化学、材料应用学研究进展。Walter Kohn 和 John Pople 也于 1998 年凭借 DFT 理论在计算化学中的应用获得了诺贝尔化学奖。

因为不能直接测得基于一类指定坐标的波函数 $\psi(q_1, q_2, \cdots, q_N)$，而仅可测出 $n$ 个电子于指定坐标 $(r_1, r_2, \cdots, r_N)$ 出现的概率。DFT 理论将电子密度函数 $n(r)$ 视为基本变量，因此推导波函数和势，进一步可推出其他所有的可观测量。简化求解方程的计算量，同时计算精度也有所提升，且其优势在含过渡金属的体系中更加明显。

以非均匀电子气理论为基础，Hohenberg-Kohn 进一步归纳得出新的定理[5]，将体系基态用电子的密度函数描述：

**定理一**：对于一个电子密度 $n(r)$ 有唯一对应的基态外势能项 $V(r)$ 和基态总能量 $E$，即 Schrödinger 方程中基态能量是电子密度的函数。

**定理二**：求解电子密度时，体系能量最低时对应 Schrödinger 方程的解。

H-K 定理表明基态电荷密度通过对应函数关系可计算得到外势，进一步可求出基态波函数、基态能量等相关物理量。基态能量可利用极小值方法，通过电荷分布函数计算求解得到。但是以上相关项具体形式未知，求解难度依旧存在。

#### 9.1.5 K-S 方程与交换关联能

9.1.5.1 Kohn-Sham 方程

Kohn 和他的学生沈吕九于 1965 年在密度泛函理论框架下，基于 H-K 定理研究并提出了科恩-沈吕九方程，即 K-S 方程，从而真正使得 DFT 应用实际运算成为可能。作为第一性原理发展史中一座里程碑，标志着第一性原理的诞生。K-S 方程具体如下：

$$\left[ -\frac{h^2}{m} \nabla^2 + V(r) + V_{XC}(r) \right] \psi_i(r) = \varepsilon_i \psi_i(r) \qquad (9\text{-}10)$$

式中　　$-\dfrac{h^2}{m} \nabla^2$——非相对论近似下的电子动能算子；

$\quad\quad\quad V(r)$——势函数；

$\quad\quad V_{XC}(r)$——电子相互交换能与相互关联能，是密度函数（波函数），为能量本征值。

K-S 方程在前两项中忽略了原子核的瞬时运动、电子波函数之间的相位差、电子对原子核运动状态的改变能力，然而这些问题将在作为误差项的 $V_{XC}(\boldsymbol{r})$ 中体现出来。在随后的研究中将这项 $E_{XC}[n]$ 分列为电子相互交换能 $E_X[n]$（泡利原理导致，见式（9-11））和电子相互关联能 $E_C[n]$（自旋电子之间的相关作用导致，见式（9-13））。K-S 方程的计算精度取决于 $E_{XC}[n]$，进而寻找对该项的近似。

$$E_X[n] = \langle \psi_n^{SD} | \boldsymbol{U} | \psi_n^{SD} \rangle - U_H[n] \tag{9-11}$$

$$\langle \psi_n^{SD} | \boldsymbol{T} + \boldsymbol{U} | \psi_n^{SD} \rangle = T_S[n] + U_H[n] + E_X[n] \tag{9-12}$$

$$E_C[n] = F[n] - (T_S[n] + U_H[n] + E_X[n])$$

$$= \langle \psi_n^{min} | \boldsymbol{T} + \boldsymbol{U} | \psi_n^{min} \rangle - \langle \psi_n^{SD} | \boldsymbol{T} + \boldsymbol{U} | \psi_n^{SD} \rangle \tag{9-13}$$

式中    $n$——电子数密度；

$T_S[n]$ ——系统的动能；

$U_H[n]$ ——电子在外势场中具有的势能；

$E_X[n]$ ——电子相互交换能。

上述内容能够看出基态能量泛函是 $T_S[n]$、$U_H[n]$ 和 $E_X[n]$ 三部分势能之和。相互关联能与相互交换能的取舍与含义直接影响了计算结果的可信度与准确性。交换关联势包含了所有已知作用势之外的一切互相作用，在实际计算中必须采用近似方法求解。

### 9.1.5.2  局域密度近似

1965 年研究初期近似认为空间各点处的 $E_{XC}$ 只和该点的局域电子密度相关，将其方法命名为局域密度近似（LDA）。通常直接使用同质电子云近似，任一个原子在空间某一点的交换能在数值上与具有同样密度 $n = n(\boldsymbol{r})$ 的均匀电子气相同，通用表达式积分为：

$$E_{XC}^{LDA}[n] = \int n(\boldsymbol{r}) \varepsilon_{XC}(n) \, d\boldsymbol{r} \tag{9-14}$$

式中    $\varepsilon_{XC}$—— 单位电子在密度为 $n(\boldsymbol{r})$ 的均匀电子气中的交换相关能，依据 Monte Carlo 方法[6]计算得到。

再将其交换部分能 $\varepsilon_X$ 和关联部分 $\varepsilon_C$ 分开讨论：

$$\varepsilon_{XC}[n(\boldsymbol{r})] = \varepsilon_X[n(\boldsymbol{r})] + \varepsilon_C[n(\boldsymbol{r})] \tag{9-15}$$

相应的交换相关势为：

$$V_{XC}^{LDA}(\boldsymbol{r}) = \frac{\delta E_{XC}^{LDA}}{\delta n(\boldsymbol{r})} = \varepsilon_{XC}[n(\boldsymbol{r})] + n(\boldsymbol{r}) \frac{\partial \varepsilon_{XC}(n)}{\partial n} \tag{9-16}$$

LDA 方法提出的较早，形式比较简单，在材料学研究中使用较为广泛。特点是 $E_X^{LDA}$ 与实际值偏低而 $E_C^{LDA}$ 偏高，过分倾向于高自旋结构、错估相稳定性。但两者偏差在一些物理问题如结构几何参数、弹性常数中可以互相抵消，因此一般能对结构和弹性性质预测相对准确，并在共价键、离子键的体系中对键长、键角作出较好的预测。然而结合能计算值偏高，低估反应活化能等也在较弱结合体系中暴露出缺陷，尤其针对电子分布在 d 轨道的金属元素。另外，在 $r \to \infty$ 时，系统的渐近行为不再符合 $-1/r$ 的理论形式，而是呈指数下降，这一问题推动了广义梯度的研究发展[7]。

### 9.1.5.3　广义梯度近似

考虑到电荷分布不均匀，对 LDA 泛函做一些修正，粒子数密度 $n(r)$ 与其一阶梯度 $\nabla n(r)$ 两者共同来描述 $E_{XC}$，从而体系的晶格能和半导体的带隙值得到更加精确的修正，与实验数值更相近。具体形式为：

$$E_{XC}[n] = \int n(r)\varepsilon_{XC}(n(r))\mathrm{d}r + E_{XC}^{GGA}(n(r),|\nabla n(r)|) \tag{9-17}$$

这种方法被称作广义梯度近似（GGA）。对应相关函数 $f(n(r),\nabla n(r))$ 选择更多，GGA 算法方案间的参数相比 LDA 算法明显存在区别。主要的泛函方案有 PBE[8]、PW91[9]、BLYP[10]、LM[11]、HTCH 等。相较于 LDA 算法可以得到更准确的原子和分子能量，对体系能量、结合能、活化能的预测更加符合理论，然而键能计算会偏小而晶格参数常常偏大，故多应用在非均匀类材料体系。GGA 的出现使得计算精度提升，同时整体上将计算的复杂程度提高了一个级别，因而对计算机的性能提出了更高的要求。

# 9.2　计算软件简介

计算机软件模拟是基于实验机理，结合基本原理和算法基础，利用计算机高度计算能力，从而合理预测分析材料结构特性，是新兴的科研方法。本文计算工作基于 MS 软件和 VASP 软件完成。

## 9.2.1　MS 软件

Materials Studio（MS）软件是美国 BIOVIA 公司设计推出的用于材料科学计算的一款明星产品，结合了多范围的软件计算模拟思路，整合近 23 个功能化模块的建模环境，完善从电子结构解析到宏观性能预测的各项研究需求。运行界面标准直观易操作，帮助用户方便快速建立三维结构模型，对各类分子构象、材料热物特性、动力学量、多相催化等相关过程进行精确研究，获取准确具体的运算结果。分子库较为全面，且特有的虚拟实验功能可进一步降低成本，展望实验测定不出的材料结构与特性。在光电复合、功能陶瓷、金属等多应用领域，使用量子力学、分子力学、介观模拟等方法多尺度深入探索，并以优秀制图工具来显示图形结果。MS 软件的中心模块是 Materials Visualizer，打造了构建材料图三维模型可视化和统计分析的平台，涉及无机晶体结构、高分子化合物、非晶态材料、二维层状结构等。使用者可自由设定适用自己的模拟方法和参数，符合指定科研目的要求，并获取和世界先进研究部门相一致的材料模拟技术。与其他标准 PC 软件可共享计算数据。本文采用该软件构建 GaN/AlN 核壳结构纳米线的模型。

### 9.2.2　VASP 软件

Vienna Ab-initio simulation package（VASP）[12] 属于量子力学建模软件。由 J. Furthmuller 和 G. Kresse 首先开发和利用，是一款基于 cambridge serial total energy package（CASTEP）1998 程序之上的商用纳米材料模拟软件，不断地更新和完善，迄今为止最新 VASP 软件包技术已十分成熟。VASP 软件提供了较全面的赝势库（超软赝势和缀加投影波势），拥有强大的计算功能，计算支持平台广泛、运行效率很高，实现的优化算法效率高，稳定性好。该软件可计算分子体系、团簇结构、周期性结构的电子特征和能量。可应用于新材料特性的探索，具有十分重要的科学意义与工程应用价值。

## 9.3　参数设定与模型构建

采用基于第一性原理的方法，构建本征 GaN、AlN 纳米线结构及不同核壳比例的 GaN/AlN 核壳结构纳米线模型，如图 9-1 所示。在 $a$、$b$、$c$ 三轴向分别扩展构建 8×8×1、10×10×1、12×12×1 原胞的块体 GaN 模型基础上，选取 [001] 为生长方向，平行于该晶向的晶面具有中心对称性，截出六方形结构，最外圈原子全部 H 钝化处理，以消除悬挂键，防止表面电荷发生转移。并选取不同数目 Al 原子替代 Ga 原子位置形成 GaN/AlN 核壳结构纳米线。模拟 3 种大小模型，各超

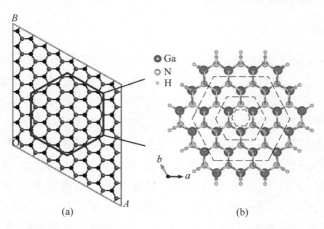

图 9-1　初始模型构建 8×8×1 的原胞（a）和 H 钝化 144 个原子 GaN 模型（b）

胞分别共计 144、240、360 个原子。再将模型数据转换为 POSCAR 文件代入软件 VASP 中，泛函选择 GGA 类目下的 PW91 矫正求解交换相互项。波函数截止能标准设定为 400eV，布里渊区 $K$ 取样密度设定为 1×1×5 高对称 gamma 型[13]，迭代过程自洽收敛精度设定为每原子 0.001eV，原子间相互作用收敛最大为 0.0001eV/nm，各原子价电子排布选取 H $1s^1$、N $2s^2 2p^3$、Ga $3d^{10} 4s^2 4p^1$、Al $3s^2 3p^1$，构建完成后进行结构优化，依次计算该结构吸附能、能带结构、电子态密度、差分电荷密度、功函数和光学特性。

## 9.4 计算结果与分析

### 9.4.1 吸附能计算

一维结构纳米材料具备高表体比、高表面能等特性，故而具有较高的化学活性，和外部其他原子相互结合能力更强，从而可包覆形成较为稳定的结构。本文构建 GaN 纳米线模型为沿 [001] 轴向生长的六方纤锌矿结构，为进一步判断 AlN 是否可以吸附包覆其外侧，选取 GaN 纳米线 6 个侧面中（-100）晶面为例，研究 Al、N 原子的吸附性能。吸附能依据以下公式计算：

$$E_{ads} = E_{system} - E_{adsorbate} - E_{surface} \tag{9-18}$$

式中    $E_{system}$——吸附后体系总能量；

       $E_{adsorbate}$——被吸附的原子能量；

       $E_{surface}$——未吸附前 GaN 纳米线能量。

吸附能若为负说明反应释放热量，不需特定条件干预可自主吸附，且数值负向越大，说明吸附后体系更稳定。

如图 9-2 所示，在（-100）晶面共选取 6 个位置，分别位于 1（N）、2（Ga）、3（中心）、4（连键）、5（Ga）、6（N）之上，计算结果如图 9-3 所示。

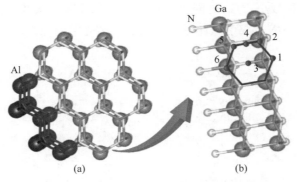

图 9-2   GaN 纳米线吸附位置选取示意图

（a）正视图；（b）侧视图（-100）晶面

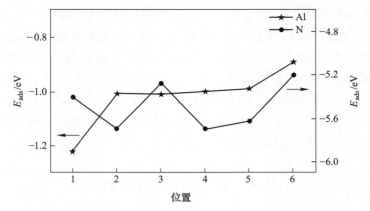

图 9-3　GaN（-100）晶面 6 处位置吸附能

由图 9-3 可知，各个位置吸附能数值相差不大，说明吸附概率相近。其中 Al 原子在 1 位置，吸附能最小（-1.22162309eV）；N 原子在 2 位置吸附能最小（-5.69329601eV），说明此位置吸附最稳定。Al 原子吸附能与 N 原子相比绝对值较小，因为 Al 原子吸附距离较短，扩散速度慢，具有较强的黏滞性，表面扩散能力弱。但两者吸附能都为负说明 Al、N 原子都可吸附于 GaN 纳米线表面，晶体结构的稳定性较好，从而证明形成 GaN/AlN 核壳结构纳米线的合理性。

### 9.4.2　晶格参数优化

图 9-4 是原子数为 144 的 GaN/AlN 核壳结构纳米线优化后模型截面图。图中不同大小的球依次表示 Ga、Al、N 和 H 原子。

优化后读取的晶格参数见表 9-1，本征 GaN 纳米线晶格参数接近理论值[14]，误差不超过 2%，说明计算合理。核壳结构晶格参数 $a$ 和 $c$ 都随 AlN 增加而减小，因为 $Al^{3+}$ 半径（0.0535nm）小于 $Ga^{3+}$（0.0620nm），和 N 原子更加紧密地结合，键长短，晶胞体积减小[15]。外圈原子位置、键长等基本未变，优化后晶格畸变小，因为 GaN 与 AlN 晶格参数相近，GaN/AlN 核壳结构稳定。

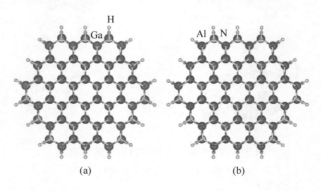

(a)　　　　　　　　　　　　　　　(b)

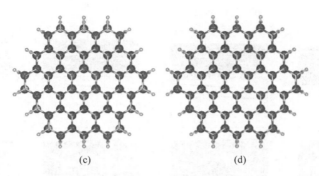

(c)　　　　　　　　　　(d)

图 9-4　144 原子核壳纳米线优化后模型

（a）GaN；（b）(GaN)₂/(AlN)₁；（c）(GaN)₁/(AlN)₂；（d）AlN

**表 9-1　模型优化后晶格参数**

| 模　型 | 晶格参数/nm | |
|---|---|---|
| | $a$ | $c$ |
| GaN | 0.3124 | 0.5207 |
| (GaN)₂/(AlN)₁ | 0.3081 | 0.5137 |
| (GaN)₁/(AlN)₂ | 0.3054 | 0.5065 |
| AlN | 0.3038 | 0.5037 |

注：晶格参数 $b=a$。

### 9.4.3　能带结构与电子态密度分析

图 9-5 为 GaN/AlN 核壳结构纳米线能带结构图，Fermi 能级由点划线标出。可以看出，四种模型的 VBM 与 CBM 都位于 Brillouin 原点 $\Gamma$ 处，说明皆属于直接带隙半导体。由图 9-5（a）可知，本征 GaN 纳米线的带隙约为 3.03eV，略小于理论值（3.4eV）[16]，因为采用广义梯度近似（GGA）算法，Ga $3d$ 态会被高估，价带宽度变宽，会造成禁带宽度较理论值偏低[17]。对比四个模型的能带结构，发现随着壳层 Al 原子数增加，价带顶基本未发生变动，呈非弥散态。仅上价带底略向上移动，而导带底大幅向上朝高能量方向移动，渐渐远离 Fermi 能级，带隙值随之增大。由图 9-5（b）～（d）可分别读出 (GaN)₂/(AlN)₁、(GaN)₁/(AlN)₂、AlN 的带隙为 3.35eV、4.18eV 和 4.85eV。其中 AlN 带隙值低于理论值 6.2eV，也源于 GGA 计算高估 Al $3p$ 态与 N $2s$、$2p$ 态相互排斥的作用，但该计算值与文献[18]所计算的 4.845eV 基本一致。

### 9.4.4　不同核直径对 GaN/AlN 核壳纳米线电子结构的调控

图 9-6 为三组不同核直径的 GaN/AlN 核壳结构纳米线优化后模型，GaN 纳米

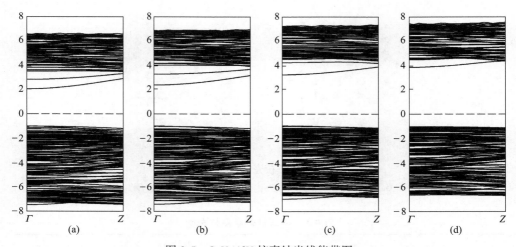

图 9-5　GaN/AlN 核壳纳米线能带图

（a）GaN；（b）(GaN)$_2$/(AlN)$_1$；（c）(GaN)$_1$/(AlN)$_2$；（d）AlN

线分别构建 1 圈、2 圈、3 圈，核直径对应 0.3730nm、0.9761nm 和 1.6062nm，壳 AlN 厚度保持两圈不变。原子数分别共计 144、240 和 360。

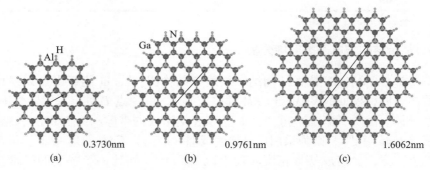

图 9-6　不同核直径 GaN/AlN 核壳纳米线模型

（a）(GaN)$_1$/(AlN)$_2$；（b）(GaN)$_2$/(AlN)$_2$；（c）(GaN)$_3$/(AlN)$_2$

由图 9-7 所示能带结构图可知，三种模型带隙分别对应 4.18eV、3.26eV 和 2.84eV。随着 GaN 含量的增加，价带顶基本未发生变动，而导带底依次向费米能级方向移动，带隙宽度减小，因为 GaN 带隙值小于 AlN，作为核材料的 GaN 对核壳结构带隙值影响较大；另一方面由于量子禁闭效应，即模型经过 H 钝化之后，带隙值随纳米模型半径增大也会有所减小[19-21]。

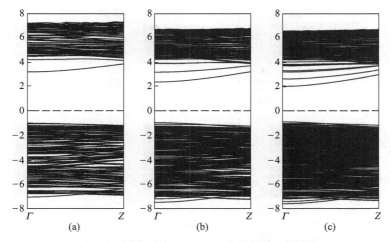

图 9-7 不同核直径 GaN/AlN 核壳纳米线能带图

(a)(GaN)$_1$/(AlN)$_2$;(b)(GaN)$_2$/(AlN)$_2$;(c)(GaN)$_3$/(AlN)$_2$

### 9.4.5 不同壳厚对 GaN/AlN 核壳纳米线电子结构的调控

图 9-8 为保持核纳米线 GaN 两圈不变,依次增加外壳 AlN 厚度 1 圈、2 圈、3 圈,从而形成三组不同直径 GaN/AlN 核壳结构纳米线优化后模型。三组模型直径分别对应 1.6062nm、2.2407nm 和 2.8766nm。

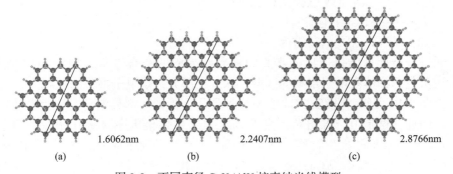

图 9-8 不同直径 GaN/AlN 核壳纳米线模型

(a)(GaN)$_2$/(AlN)$_1$;(b)(GaN)$_2$/(AlN)$_2$;(c)(GaN)$_2$/(AlN)$_3$

由图 9-9 能带结构图可知,在保持核 GaN 纳米线两圈原子数不变前提下,增加 AlN 壳厚圈数,带隙宽度基本未发生变动,保持 3.35eV 不变。说明壳层圈数在核圈数固定的前提下,对材料的带隙值影响较小。这也可能与模型原子数增大,计算数值偏小有关。

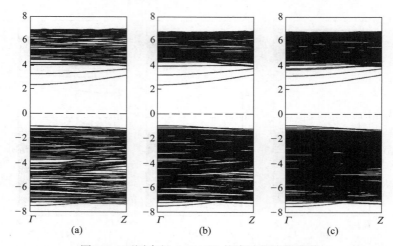

图 9-9　不同直径 GaN/AlN 核壳纳米线能带图

（a）$(GaN)_2/(AlN)_1$；（b）$(GaN)_2/(AlN)_2$；（c）$(GaN)_2/(AlN)_3$

### 9.4.6　差分电荷密度分析

差分电荷密度主要研究原子间成键信息，电荷分布与转移状态，计算公式如下：

$$\Delta\rho = \rho_{Total} - \rho_{GaN} - \rho_{AlN} \tag{9-19}$$

式中　$\rho_{Total}$——GaN/AlN 核壳结构总电荷密度；

　　　$\rho_{GaN}$——核 GaN 电荷密度；

　　　$\rho_{AlN}$——壳 AlN 电荷密度。

通过分析计算结果可以初步直观地判断界面的结合方式，如图 9-10 所示。图中浅灰色部分体现电子聚集的区域，深灰色部分则是电子损失的区域。

由图 9-10 可知，环绕在 Ga 原子与 N 原子周围的大部分电子，显示出共价特征的方向性。这是由于 N 电负性大于 Ga，电子主要聚集在 N 原子附近，即电荷由 Ga 原子到 N 原子发生转移，体现出 Ga—N 键中的离子成分。在包覆 AlN 壳层中，因为 Al 电负性小于 Ga，所以 Al 与 N 之间电负性之差（1.43）大于 Ga 与 N 之间电负性差值（1.23），从而 Al—N 键中离子性更强，使得 N 的电子密度分布明显向 Al 位偏移，而向 Ga 位偏移明显减少。

### 9.4.7　功函数计算

功函数可定义为电子从半导体内逸出至表面所需能量最小值，代表材料传输电子特性，可由真空能级与 Fermi 能级间的能量之差表示：

$$\Phi = E_{vac} - E_f \tag{9-20}$$

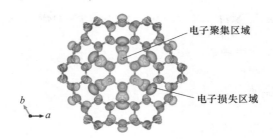

图 9-10 （GaN）₁/（AlN）₂ 核壳纳米线差分电荷图

八个模型功函数计算数值罗列于表 9-2。其中纯 GaN、AlN 的功函数值 4.409eV 和 4.912eV 略大于实验值 4.1eV 和 4.7eV，但 GaN 计算值与 Rosa 等人[22]的计算值 4.42eV 一致。对比 2、3、4 列任一列的两项数值发现，在相同原子数前提下形成 GaN/AlN 核壳结构，功函数随 AlN 含量增加而上升。而横向对比核壳结构相关数据可以看出，在保持核 GaN 材料数目不变的前提下，依次增加 AlN 壳层圈数，在增加原子数目的同时，功函数虽大于 GaN 本征值，但随 AlN 增加而有下降趋势。

表 9-2  GaN/AlN 核壳结构纳米线功函数　　　　　　　　　　　（eV）

| 本征纳米线 | 144 原子核壳结构 | 240 原子核壳结构 | 360 原子核壳结构 |
|---|---|---|---|
| GaN | （GaN）₂/（AlN）₁ | （GaN）₂/（AlN）₂ | （GaN）₂/（AlN）₃ |
| 4.409 | 4.682 | 4.597 | 4.577 |
| AlN | （GaN）₁/（AlN）₂ | （GaN）₁/（AlN）₃ | （GaN）₃/（AlN）₂ |
| 4.912 | 4.779 | 4.625 | 4.636 |

### 9.4.8　光学特性分析

核壳纳米线的光学特性与其成分结构如电子能级、电子态、缺陷态等紧密相关。材料的电子结构影响其光学性能，进一步对光学性能分析可更好地预测材料应用前景。光谱表明由能级间的电子跃迁引起发光的原理。不考虑界面声子跃迁的参与，光学常数与入射光能量之间的依赖关系可以由 Kramers-Kronig 色散关系[23]推导出，还可以用其表征光学性能，表达形式一般分为两种：

（1）复介电函数

$$\varepsilon(w) = \varepsilon_1(w) + i\varepsilon_2(w) \tag{9-21}$$

$$\varepsilon_1(w) = 1 + \frac{2}{\pi}\int_0^\infty \frac{w'\varepsilon_2(w')}{w'^2 - w^2}\mathrm{d}w' \tag{9-22}$$

$$\varepsilon_2(w) = \frac{C}{w^2} \sum_{c,v} \int_{BZ} \frac{2}{(2\pi)^3} |M_{cv}(K)|^2 \delta(E_c^K - E_v^K - \hbar w) \mathrm{d}^3 K \tag{9-23}$$

式中　$\varepsilon(w)$——复介电函数；

　　　$\varepsilon_1(w)$——实部；

　　　$\varepsilon_2(w)$——虚部；

　　　　　$C$——电容；

　下标 c, v——导带与价带；

　　　　　$K$——电子波方向矢量；

　　　　　$M$——动量矩阵；

　　　　BZ——第一 Brillouin 区；

　　　　　$\hbar$——普朗克常数；

　　　　$E_c^K$——导带本征能级；

　　　　$E_v^K$——价带本征能级。

（2）复折射率

$$N(w) = n(w) + ik(w) \tag{9-24}$$

$$n(w) = \left[ \frac{\sqrt{[\varepsilon_1(w)]^2 + [\varepsilon_2(w)]^2}}{2} + \frac{\varepsilon_1(w)}{2} \right]^{\frac{1}{2}} \tag{9-25}$$

$$k(w) = \left[ \frac{\sqrt{[\varepsilon_1(w)]^2 + [\varepsilon_2(w)]^2}}{2} - \frac{\varepsilon_1(w)}{2} \right]^{\frac{1}{2}} \tag{9-26}$$

式中　$N(w)$——复折射率；

　　　$n(w)$——实部；

　　　$k(w)$——虚部。

　　光学常数之间相互关联，吸收系数 $\alpha(w)$、反射率 $R(w)$、能量损失函数 $L(w)$ 可从介电函数 $\varepsilon_1(w)$、虚部 $\varepsilon_2(w)$ 依次推导得出：

$$\alpha(w) = \sqrt{2}(w) \left[ \sqrt{[\varepsilon_1(w)]^2 - [\varepsilon_2(w)]^2} - \varepsilon_1(w) \right]^{\frac{1}{2}} \tag{9-27}$$

$$R(w) = \left| \frac{\sqrt{\varepsilon(w)} - 1}{\sqrt{\varepsilon(w)} + 1} \right|^2 \tag{9-28}$$

$$L(w) = \frac{\varepsilon_2(w)}{[\varepsilon_1(w)]^2 + [\varepsilon_2(w)]^2} \tag{9-29}$$

　　选择如图 9-4 所示优化后 144 个原子构成的 GaN、(GaN)$_2$/(AlN)$_1$、(GaN)$_1$/(AlN)$_2$ 和 AlN 四个核壳纳米线模型，分别计算 [100][010][001] 不同晶向的光学特性信息并绘图分析结果。

### 9.4.8.1　介电函数虚部

复介电函数反映了材料对电磁波线性的响应，与外部激励电场作用下极化的程度紧密相关。响应外场感应电荷越大，对外场削弱作用越大，对应介电常数越大。图 9-11 为 GaN/AlN 核壳结构纳米线介电函数虚部随光子能量变化的曲线，与电子的带间跃迁紧密相关，体现出电场中能量的损失。共描绘 3 条不同晶向的谱线，其中 [100] 与 [010] 晶向谱线基本重合，说明两个方向呈简并态，即垂直于生长方向。包覆 AlN 壳层之后，[001] 与 [100] 晶向峰值出现明显区别，体现出晶体各向异性，由于 WZ-GaN 结构为对称六方晶系，[001] 方向的键长比其余三个更长，导致正负电荷中心不重合，反转对称性不成立，因而存在自发极化。由图 9-11 (a) 可知，本征 GaN 纳米线的吸收边为 2.92eV，与 Persson 等人[24]的计算结果较吻合，体现出价带顶与导带底之间的直接跃迁。位于 4.22eV 和 5.88eV 处的第一、第二主峰分别对应了 DOS 图中价带 N 2$p$ (−2.05eV 处) 到导带 Ga 4$s$ (2.14eV 处)、Ga 4$s$ (4.01eV 处) 间的直接跃迁。在高频紫外波段出现多处显著的特征峰则主要来自于下价带与导带间的跃迁。对比图 9-11 (a)~(d) 可知，[001] 晶向四个模型第一主峰分别位于 5.88eV、6.05eV、6.26eV、6.29eV 处，峰值对应 5.37、6.81、4.74、4.21。由此发现，随 Al 壳层

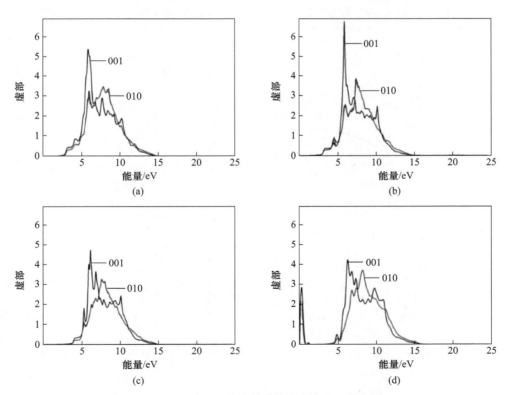

图 9-11 GaN/AlN 核壳结构纳米线介电函数虚部

(a) GaN；(b) $(GaN)_2/(AlN)_1$；(c) $(GaN)_1/(AlN)_2$；(d) AlN

增加特征峰位置稍微向高能方向移动，对应带隙的增大。对比图 9-11（a）和（b）可知包覆 AlN 一圈后峰值增大约 1.44，说明壳层 AlN 提升了 GaN 电子的跃迁能力。

#### 9.4.8.2　介电函数实部

图 9-12 为 GaN/AlN 核壳结构纳米线介电函数实部 $\varepsilon_1(w)$ 随光子能量变化的曲线。介电函数实部体现交流电介质里该异质结构材料对能量的存储力，故又称电容率。以 [001] 晶向为例，四个模型介电常数分别为 2.58、2.40、2.25、4.66，其中 AlN 相关数值与 Karch 等人[25]报道的（4.61）相近。其次，四个模型主峰分别位于 5.51eV、5.82eV、5.92eV 和 6.08eV 处，对应峰值为 5.11、5.52、5.18 和 4.99。其中 GaN 主峰位置与黄保瑞等人[26]计算的数值（5.09eV）基本一致。由此发现，随着包覆圈数增加，主峰位置明显向高能方向移动，与介电函数虚部 $\varepsilon_2(w)$ 蓝移现象相呼应。另外，在 0~5.51eV 范围内实部 $\varepsilon_1(w)$ 随光子能量增加而上升；5.51~10.56eV 范围内实部 $\varepsilon_1(w)$ 随光子能量增加而减小，对应吸收谱 $\alpha(w)$ 峰值上升区域，体现了带间跃迁电子对光吸收能力的增强；10.21~12.93eV 范围内介电函数实部为负值，说明材料具有金属反射性，光源无法通过。

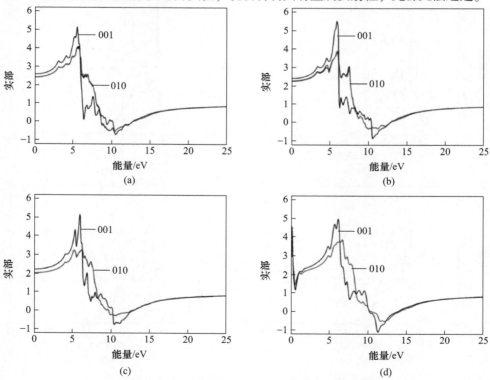

图 9-12　GaN/AlN 核壳结构纳米线介电函数实部图
（a）GaN；（b）(GaN)$_2$/(AlN)$_1$；（c）(GaN)$_1$/(AlN)$_2$；（d）AlN

### 9.4.8.3 吸收谱

吸收谱可以反映出该材料吸收光子后能量增加产生跃迁的变化。如图 9-13 所示，该图谱同时体现材料能态分布情况。观察发现图谱特征与图 9-11 所示的介电函数虚部图谱走势高度相似，这是因为吸收系数 $\alpha(w)$ 与介电函数虚部 $\varepsilon_2(w)$ 紧密相关。从图 9-13（a）可知，本征 GaN 纳米线的吸收主要集中于 83～420nm（对应 2.95～15.00eV）波段，并且在 10.47eV 处吸收最强，峰值达到 $1.85 \times 10^5 \mathrm{cm}^{-1}$。各特征峰大体分布与杜玉杰等人[27]所计算的体材料 GaN 一致。GaN 的吸收边为 2.98eV，与体材料相比数值偏低，但与本文计算的带隙值（3.03eV）、介电函数虚部吸收边（2.92eV）基本一致。另外，该核壳结构吸收系数在 1.60～3.20eV 的可见光范围内几乎保持为零，说明材料在该波段为透明材质；在大于 15.20eV 的高能区域，吸收基本为 0，说明该材料对过高或过低频的电磁波吸收都很弱，是有望应用于场致发光的透明电极材料；而特征峰主要集中在紫外波段 UVC 区，短波紫外线的最大吸收峰增强。[001] 晶向最大吸收峰值分别对应 1.84、2.08、2.01、2.26。吸收系数增大说明将产生更多电子空穴

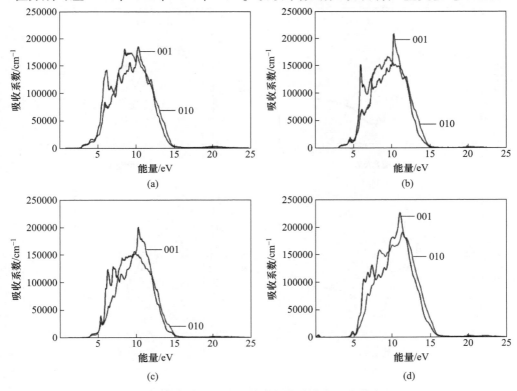

图 9-13 GaN/AlN 核壳结构纳米线吸收谱

（a）GaN；（b）$(GaN)_2/(AlN)_1$；（c）$(GaN)_1/(AlN)_2$；（d）AlN

对，跃迁概率增加，有助于提高光学性质；且包覆后在吸收边引入微弱峰值，伴随有向短波方向的一定移动，同时吸收带的宽度减小，吸收谱整体出现蓝移现象，从可见光进入紫外阶段，对紫外区吸收增加，这是由于带隙变宽，从而导致该异质结构材料可能对紫外线有较好的屏蔽作用。该异质结构对波长小于 240nm 的紫外线吸收较强，而 185nm 波长的紫外线对日光灯管有所损害，并且该光源若泄漏对人体伤害较大，因此可用于研究延长日光灯的寿命，且不降低荧光粉的发光效率和塑料制品的防老化等。

### 9.4.8.4    折射谱

折射率 $n(w)$ 作为复折射率谱实部，随能量变化的谱线特征与介电函数实部 $\varepsilon_1(w)$ 的变化规律接近。如图 9-14 所示，［001］晶向四个模型静态折射率分别为 1.60、1.55、1.50 和 2.45；而［010］和［110］晶向静态折射率则分别为 1.55、1.50、1.43 和 2.28。其中本征 GaN 纳米线静态折射率值小于理论值[28]（［001］晶向为 2.64，［010］晶向为 2.50）；纯 AlN 纳米线的计算数值略大于文献[29]报道的 AlN 单晶数值 2.2，但与彭建梅等人[30]制备的 AlN 薄膜实验测试值

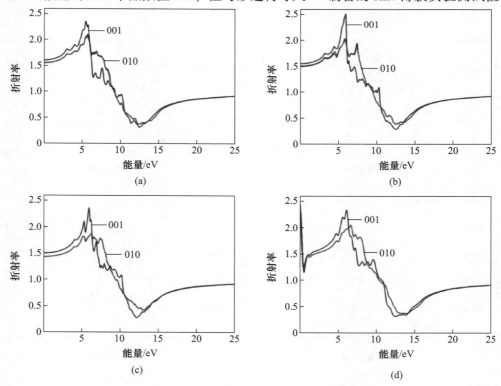

图 9-14    GaN/AlN 核壳结构纳米线折射谱

（a）GaN；（b）(GaN)$_2$/(AlN)$_1$；（c）(GaN)$_1$/(AlN)$_2$；（d）AlN

2.45基本一致。由图9-14（a）可知GaN的折射率随能量增加而增大，当入射光能量为5.50eV时，本征GaN纳米线的折射率［001］晶向达到最大为2.35，随后$n(w)$逐渐减小直至能量增大至15.00eV处基本为0。包覆一层AlN壳层后（见图9-14（b）），最高峰移至5.92eV，峰值增大至2.51，伴随蓝移现象。

#### 9.4.8.5　消光系数

消光系数作为复折射率虚部，它是表征入射光强度随深度增加而减小的常数。由图9-15可知，消光系数$K(w)$谱线与介电函数虚部$\varepsilon_2(w)$谱线（见图9-11）紧密相关，呈相同趋势。本征GaN［001］晶向最高峰位于6.37eV，对应峰值为1.39。包覆一圈AlN后，峰值增加至1.55，且位置发生红移。此外，消光系数在高能区域（>17.00eV）基本保持为零，结合图9-14可知该波段折射系数也保持较低数值0.88，说明该区域折射系数为常数且为低吸收区。

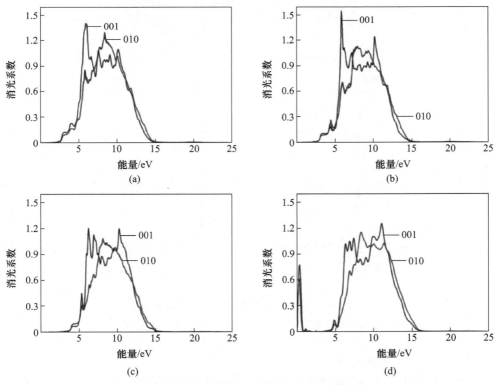

图9-15　GaN/AlN核壳结构纳米线消光系数谱

（a）GaN；（b）(GaN)$_2$/(AlN)$_1$；（c）(GaN)$_1$/(AlN)$_2$；（d）AlN

#### 9.4.8.6　反射谱

图9-16为GaN/AlN核壳结构纳米线反射谱。由图可知，特征峰分布位置与

介电函数虚部基本吻合，这是由于相同的跃迁机制[31]。在 1.60~3.20eV 区域内，图谱呈现整体数值较低，基本无特征峰，对比图 9-13 吸收谱发现，此波段的吸收谱数值也较低，说明材料在可见光区域具有高透过率。反射谱峰值主要集中于紫外线区域，再次说明这种核壳结构纳米线材料对紫外线有一定屏蔽作用。尤其突出的是在 10.00~15.00eV 区域，随着 AlN 壳层的包覆，[001] 晶向反射率由 36% 上升至 38%，再到 42%，峰值强度的增大表明了电子向导带跃迁概率的提升。

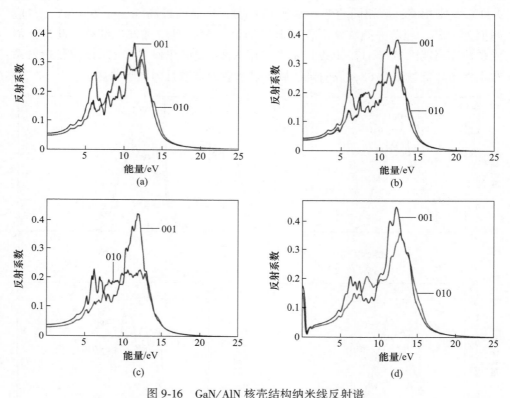

图 9-16 GaN/AlN 核壳结构纳米线反射谱

(a) GaN; (b) (GaN)₂/(AlN)₁; (c) (GaN)₁/(AlN)₂; (d) AlN

### 9.4.8.7 能量损失谱

能量损失函数 $L(w)$ 体现了电子穿过材料内部造成的能量损失情况，与介电函数虚部 $\varepsilon_2(w)$ 互成比例。能量损失谱的特征峰与等离子共振相关，最高峰值对应的频率即等离子共振频率 $\Omega_0$，是实部与虚部在高频处的相交点。

$$\int_0^\infty w\varepsilon_2(w)\,\mathrm{d}w = \frac{\pi}{2}\Omega_0 \tag{9-30}$$

频率高于 $\Omega_0$ 的材料表现为介电性，低于 $\Omega_0$ 的材料则表现为金属性，即能量损失谱的峰值位置对应材料由介电性向金属性转变的临界点。由图 9-17（a）可知，本征 GaN 纳米线 [001] 晶向能量损失尖峰位于 12.81eV 处，能量损失在此位置达到最大值，并对应图 9-16 反射谱的下降边缘。对比图 9-17（b）~（d）发现包覆 AlN 后等离子共振频率发生蓝移，且振幅增大。

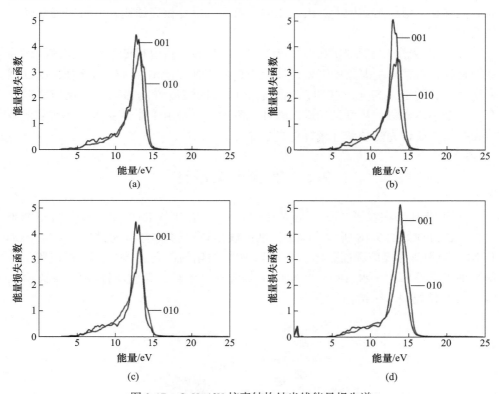

图 9-17　GaN/AlN 核壳结构纳米线能量损失谱

（a）GaN；（b）$(GaN)_2/(AlN)_1$；（c）$(GaN)_1/(AlN)_2$；（d）AlN

本节内容为探究 GaN/AlN 核壳结构纳米线体系，分析电子结构与光学特性。计算结果表明：

（1）Al、N 原子都可吸附于 GaN 纳米线侧表面，说明 GaN/AlN 核壳结构的存在合理；核壳结构几何优化后晶格畸变小，说明结构稳定；核壳结构仍属于纤锌矿结构、直接带隙半导体材料。价带顶出现新特征峰，由 Al 的 p 态与 N 的 p 态杂化构成，引起带间跃迁。同时，AlN 对导带底影响较大，随壳层占比增加，导带发生蓝移，带隙随之增大；外圈包覆两层 AlN 的前提下，增加核 GaN 直径会导致导带下移，带隙值减小；保持核 GaN 两圈固定，增加壳层 AlN 的厚度，对带隙影响较小。

（2）因存在轴向与径向差别，光学特性［100］与［010］晶向图谱几乎完全重合，但［001］晶向存在极性，明显不同，体现了晶体各向异性。包覆 AlN 壳层后，介电函数虚部特征峰值增加，其中包覆一圈 AlN 后增加 0.89eV，提升了 GaN 纳米线电子跃迁能力；此外，介电函数实部随 AlN 壳层增加，主峰位置向高能移动，对应带隙增大。由此说明，可通过设计核壳结构来实现对光学性能的调控。

（3）吸收谱在可见光波段基本为 0，且反射率数值也很低，表明在该波段为透明材料，特征峰主要集中于紫外波段，且随 AlN 壳层增加，峰值增强，跃迁概率增加，有助于提高光学性质；包覆后吸收边向短波方向移动，吸收带宽度变窄，光谱整体蓝移，从可见光进入紫外光阶段，这是由于能带变宽，从而表明该核壳结构可能作为防护紫外线辐射光学器件。

# 9.5　实验方案设计

利用 CVD 法在水平管式恒温炉中采用两步法制备 GaN/AlN 核壳结构纳米线，生长机理如图 9-18 所示。GaN 核纳米线生长遵循气-液-固机制，$Ga_2O_3$ 粉末和 $NH_3$ 分别作为反应源前驱体，金属 Pt 作为催化剂；壳层 AlN 则生长包覆于核 GaN 纳米线外部，无水 $AlCl_3$ 与 $NH_3$ 提供源材，生长遵循气-固机制，最终合成 GaN/AlN 核壳纳米线结构。

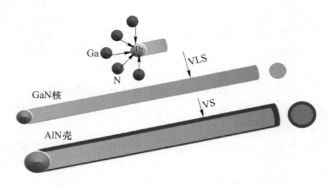

图 9-18　GaN/AlN 核壳结构纳米线生长机理示意图

## 9.5.1　衬底预处理

实验选用 Si 作为衬底。Si 元素是除 O 元素外地球上最丰富的元素。Si 片作为衬底具备尺寸大、工艺成熟、生产效率高的优点，因而成本低廉，它与 GaN 之间的晶格失配度约为 17%[32]。本文选取（111）晶向衬底和 GaN 的六方纤锌矿结构相匹配，减小晶格失配，进而生长出结晶质量更佳的纳米线。

衬底切割：选用专用合金金刚石笔将（111）晶向 4 英寸（约 10.16cm）单晶抛光晶圆分割为 10mm×10mm 大小的正方形 Si 片。

衬底的清洁过程如下：

（1）去蜡：衬底置于双氧水、浓硫酸和超纯水比例为 1：1：6 的混合剂中加热煮沸 10min，超纯水冲洗多次，放进超声波清洗器中清洗 5min。

（2）去有机物：Si 衬底放入浓度比为 1：1：6 的氨水、双氧水和超纯水的混合剂中，升温加热至 80℃并保持 10min。再次用超净水冲洗数次，放进超声波清洗器中清洗 5min。

（3）去氧化物：衬底置于浓度为 10%的氢氟酸溶液中 15s，取出后用超净水反复冲洗，放进超声波清洗器中清洗 5min。

（4）去无机物：衬底置于浓度比 1：1：6 的双氧水、浓盐酸和超纯水的混合剂中，加热到 80℃煮沸 15min，再经超净水冲洗，得到高洁净度衬底。最后置于干燥箱中干燥处理。

衬底催化剂准备：利用离子镀膜仪，设定参数为电流 30mA、时间 50s，在 Si 片表面溅射一层 Pt 薄膜。再放入马弗炉中升温至 1000℃，通 $NH_3$ 退火 20min，气流量设定为 150mL/min。高温下液态 Pt 与 Si 晶格失配较高，接触面存在很大残余应力，不稳定状态下高温加速了分子运动，表面张力作用薄膜破裂成小球状，Pt 融化收缩为催化剂金属颗粒。覆盖催化剂的衬底表征结果如图 9-19 所示。

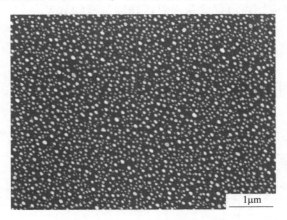

图 9-19　衬底 Pt 催化剂颗粒准备

## 9.5.2　生长核材料

根据作者课题组已有研究进展，选取 $Ga_2O_3$ 粉末提供镓源，$NH_3$ 提供氮源，Pt 颗粒作为金属催化剂，自下而上自发生长 GaN 纳米线。具体实验装置如

图 9-20 所示，电子天平称取 0.09g 的 $Ga_2O_3$ 粉末放置于石英舟内前端，再沿下游方向距离 1cm 处竖直放置已经过预处理（覆盖 Pt 催化剂颗粒）的 Si 片衬底，之后把石英舟转移到管式炉炉管中心恒温区 1cm 处（管腔为陶瓷氧化铝，可承受 1400℃加热温度），多次通 Ar 气排除管内水分与氧气，以 10°/min 的速度升温加热至 990℃，反应室通入流量为 110mL/min 的 $NH_3$ 恒温生长纳米线 15min。反应完成后降温至 750℃，保持 10min，避免急剧降温引起衬底和纳米线间的断裂。最后降至室温后取出样品，Si 衬底表面生长出淡黄色的 GaN 纳米线产物。

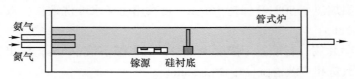

图 9-20   水平管式恒温炉实验装置示意图

### 9.5.3   包覆壳层材料

铝源采用 0.1g 无水 $AlCl_3$ 粉末，混合少量 $NH_4Cl$ 粉末（$AlCl_3$ 与 $NH_4Cl$ 比例约为 5：1），氮源由 $NH_3$ 提供，将载有衬底的石英舟再次位于水平管式炉中心区域，Al 源位于上流距衬底 5~15cm 处，生长温度设定为 700~800℃，恒温生长 25min，再快速升温至 900℃保持 5min 后降至室温。$NH_3$ 流量设定为 40~120mL/min。待反应结束可得到灰白色产物即包覆的 AlN。

# 9.6   实  验  药  品

此次实验所用药品具体见表 9-3。

表 9-3   实验药品

| 药品试剂 | 化学式 | 纯  度 |
| --- | --- | --- |
| 氧化镓粉末 | $Ga_2O_3$ | 99.999% |
| 无水氯化铝粉末 | $AlCl_3$ | 99.99% |
| 液氨 | $NH_3$ | 99.99% |
| 液氩 | Ar | 99.99% |
| 氯化铵 | $NH_4Cl$ | AR |
| 浓硝酸 | $HNO_3$ | AR |
| 浓盐酸 | HCl | AR |
| 乙醇 | $C_2H_5OH$ | AR |

| 药品试剂 | 化学式 | 纯 度 |
|---|---|---|
| 超纯水 | $H_2O$ | CP |
| 4 英寸单晶抛光硅 | Si | Prime |

### 9.6.1 生长 GaN 纳米线

核材料 GaN 纳米线生长机制属于 VLS 机制[33]，属于存在气、液、固体三种状态的生长动力学行为。Ga 源和 N 源在高温下转化为气态前驱体，在载气作用下到达衬底表面催化剂位置。催化剂 Pt 金属颗粒对于气相反应物的吸收起确定优先结晶形核位置作用：作为纳米线的成核点，吸收 Ga、N 原子形成液态合金，过饱和后再析出，固液界面随即被轴向推动，逐渐形成纳米线形貌。催化剂 Pt 控制 GaN 纳米线的生长方向和直径大小，待反应完成，温度下降到合金颗粒的共晶温度时停止生长，共融液滴最终凝固在纳米线顶部。纳米级别的催化剂液滴具有大比表面积，液态对气相原子的吸附力很强，相对其他结构纳米线生长速度更快、长度更长。此次实验镓源采用 $Ga_2O_3$ 粉末，熔点为 1900℃，在 800℃分解成为 Ga 和不稳定的中间产物 $Ga_2O$，O 在反应过程中逐步由 N 所替换合成 GaN，而未被替换的 O 导致纳米线发生弯曲。涉及反应方程有：

$$2NH_3(g) \xrightarrow{850℃} N_2(g) + 3H_2(g) \tag{9-31}$$

$$Ga_2O_3(g) + 2H_2(g) \xrightarrow{>800℃} Ga_2O(g) + 2H_2O(g) \tag{9-32}$$

$$Ga_2O(g) + 2NH_3(g) \longrightarrow 2GaN(s) + 2H_2(g) + H_2O(g) \tag{9-33}$$

### 9.6.2 包覆 AlN 壳层

壳层材料 AlN 生长遵循 VS 机制。生长过程不需要催化剂参与，即存在温度梯度，反应前驱体经过物理蒸发和化学反应转换为气态后直接可凝结固态成核生长。生长驱动力为吉布斯自由能的改变。低温和低饱和度为较重要参数。可控性较 VLS 差，但是该过程中不会引进杂质。

N 源依旧选择 $NH_3$，Al 源选用无水 $AlCl_3$ 粉末。无水 $AlCl_3$ 易潮解生成含水的 $AlCl_3 \cdot 6H_2O$，吸收空气中的水即发生水解，放出大量 HCl 白色烟雾，需密闭保存；熔点较低为 190℃，在 178℃会升华为气态，故将其置于管式恒温炉气流上游的低温区，与中心处衬底相距 5~15cm，反应过程中由载气输运到衬底，确保能持续提供 Al 源。Al 原子的扩散距离较小，反应物中添加少量 $NH_4Cl$ 粉末，一方面作为氯化物提升蒸气压，会加速反应原子的碰撞，促使 AlN 合成温度下降；另一方面抑制副反应发生，且 350℃ 时 $NH_4Cl$ 受热分解释放出 $NH_3$，可增加反应 N 源。生成的 AlN 将依附于 GaN 纳米线外圈表面，从而形成 GaN/AlN 核壳结构纳米线。涉及反应方程式如下：

主反应：

$$AlCl_3(g) + NH_3(g) \xrightarrow{> 700℃} AlN(s) + 3HCl(g) \tag{9-34}$$

副反应：

$$NH_3(g) + HCl(g) \xrightarrow{250℃} NH_4Cl(s) \tag{9-35}$$

$$AlCl_3 + xNH_3 \xrightarrow{400℃} AlCl_3 \cdot xNH_3 \tag{9-36}$$

$$AlCl_3 \cdot xNH_3 \xrightarrow{700℃} AlN + HCl \tag{9-37}$$

生成的 AlN 其纳米结构表面能较大，在空气中容易水解和氧化反应生成 $Al(OH)_3$ 和 AlOOH，破坏结晶度，需要密封保存。

# 9.7　结果与分析

首先将制备的 GaN/AlN 核壳结构样品进行扫描电子显微镜测试。该测试仪器一般包含电子源、电磁透镜和电子探测器三部分。基本原理为"光栅扫描，逐点成像"。将样品粘贴于导电胶带后再放置于铜柱表面。基于波粒二象性，利用透镜将电子束加速并聚焦于待测物表面，从而表面会发射出可被检测的二次电子，检测到电子数目用以判断样品形貌，再经过电子束的扫描及电子数量的变化，勾画样品表面。电子束也可以电离原子并使其发射 X 射线，而射线能量的大小由样品成分决定。通过再一次反馈的离子束和 X 射线可以推断材料的化学性质及其空间变化。可以较直观地观察样品微观性表面形貌、结构、颗粒形状尺寸、材料同向性、组分、腐蚀或断裂分析，且图像具有立体感[34]。

## 9.7.1　研究生长温度对 GaN/AlN 核壳结构纳米线的影响

第一步生长核 GaN，需得到纳米线分布均匀、密度适中、长度较长且弯曲程度小的样品。考虑到 GaN 在高温（大于 900℃）下会开始分解反应，一定程度上可抑制生长合成，故多次实验后基本确定最佳生长参数：生长温度为 990℃，生长时间为 15min，$NH_3$ 流量设定为 110mL/min。遵循该工艺条件下制备的 GaN 纳米线分布稀疏均匀，直径基本保持约 150nm，长度达 5μm 左右。

第二步生长壳 AlN。在 AlN 包覆过程中生长温度影响迁移、扩散、吸附、反应、结晶等，从而对产物生长质量有显著影响。由反应方程式可知在生长温度大于 700℃ 时才有可能合成 AlN，且结合实际制备过程发现生长温度高于 800℃ 后，AlN 将呈龟裂的薄膜覆盖在 GaN 之上，故而设定 700~800℃ 范围内三组不同生长温度的实验方案，见表9-4，固定生长时间、气流量和Al源位置不变，生长温度分别选择700℃、750℃、800℃，制备得到三个样品：样品1、样品2、样品3。结合SEM表征手段，探索生长温度对产物形貌特性的影响。

表9-4　实验方案

| 样品编号 | 生长温度/℃ | 生长时间/min | NH$_3$ 流量/mL·min$^{-1}$ | Al源位置/cm |
|---|---|---|---|---|
| 1 | 700 | | | |
| 2 | 750 | 25 | 80 | 10 |
| 3 | 800 | | | |

图9-21为生长温度700℃时制备的GaN/AlN核壳结构纳米线样品1的SEM图。图9-21（a）和（c）对应样品3000倍放大的SEM图，图9-21（b）和（d）对应样品20000倍放大的SEM图。由图9-21（a）（b）可知，制备的纯GaN纳米线直径较小，长度较长，相互重叠呈现多层纳米线分布；且发现每根纳米线末

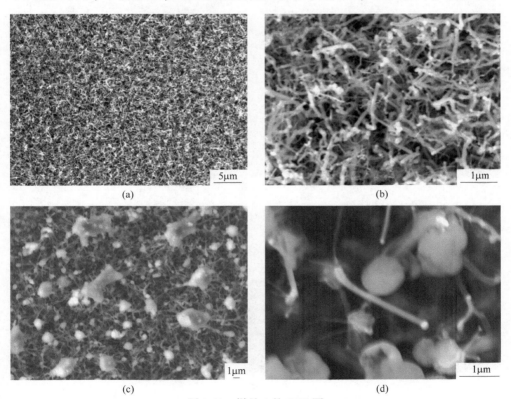

图9-21　样品1的SEM图
（a）（b）纯GaN纳米线；（c）（d）GaN/AlN核壳结构纳米线

端存在球状颗粒，即金属 Pt 催化剂，体现出 GaN 纳米线生长制备遵守 VLS 生长机制。由图 9-21（c）和（d）可以发现在生长温度设定为 700℃时，生成的 AlN 呈球状或块状分布于纳米线周围，未有效形成核壳结构。分析未成功包覆的原因可能是温度较低，导致提供的驱动力不足，原子获得能量过少，有效扩散、迁移长度减小，在还未到达 GaN 纳米线表面合适的位置之前发生预反应，AlN 已经相互结合，故难以吸附到 GaN 表面，所以结晶质量较差。

图 9-22 为生长温度 750℃时制备的 GaN/AlN 核壳结构纳米线样品 2 的 SEM 图。对比图 9-22（b）和（d）可明显看出包覆后纳米线的直径明显增大，说明已具备核壳结构形貌。观察图 9-22（c）和（d）发现相较生长温度为 700℃时制

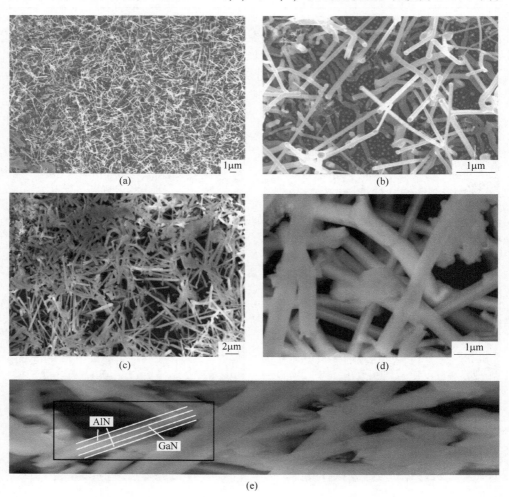

图 9-22　样品 2 的 SEM 图

（a）（b）纯 GaN 纳米线；（c）~（e）GaN/AlN 核壳结构纳米线

备的样品，球状结构消失。这是由于温度提升可能使副反应所生成的 $AlCl_3 \cdot xNH_3$ 在高温下进一步被分解生成 AlN、HCl 和 $NH_3$；另一方面温度升高会促进蒸气压增加，导致原子扩散、迁移流动，样品致密度有一定程度提升。由图 9-22（e）的局部放大图可知，每一根 GaN 纳米线外侧明显包覆了一圈透明度较高的 AlN，说明 750℃时较适合 AlN 壳层包覆。

图 9-23 为生长温度 800℃时制备的 GaN/AlN 核壳结构纳米线样品 3 的 SEM 图。对比图 9-23（a）和（b）发现纳米线直径增加，由图 9-23（c）和（d）可知，包覆 AlN 后，样品表面产生一层雾状结构分布在 GaN 纳米线周围，说明 AlN 未与 GaN 紧密结合形成核壳结构。分析认为设定 800℃为生长温度可能过高，一方面气相原子在衬底的黏附系数增大导致扩散作用减弱，薄膜遭受一定的轰击效应从而沉积速度较慢；另一方面温度过高有可能导致壳层 Al—N 键出现一定程度的断裂，导致薄膜质量的改变。

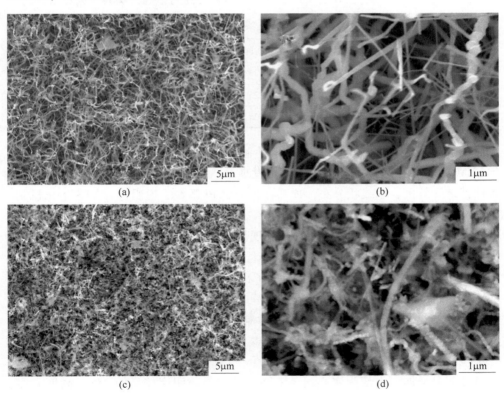

(a)　　　　　　　　　　　　　　(b)

(c)　　　　　　　　　　　　　　(d)

图 9-23　样品 3 的 SEM 图

(a)（b）纯 GaN 纳米线；(c)（d）GaN/AlN 核壳结构纳米线

综上结果表明，生长温度为 700℃时过低，提供的驱动力不足，AlN 提前结合，难以吸附在 GaN 侧表面；生长温度为 800℃时过高，原子扩散减弱，沉积速度较慢，且 Al—N 键可能断裂，质量较差；而生长温度设定为 750℃时，原子扩散、迁移合理，形成核壳结构形貌。所以最佳温度应设定为 750℃。

### 9.7.2  研究 NH₃ 流量对 GaN/AlN 核壳结构纳米线的影响

在确定了最优生长温度为 750℃之后，研究 $NH_3$ 流量对核壳纳米线形貌的影响。$NH_3$ 在反应过程中既提供 N 源又作为载气，气流量的大小对 AlN 能否包覆于 GaN 纳米线外侧起关键作用，多次实验后发现当 $NH_3$ 流量超过 120mL/min，生成的 AlN 将呈较厚且龟裂的薄膜状覆盖于 GaN 纳米线上部，故包覆 AlN 壳层所需气流量不宜过大。保持生长温度、生长时间和 Al 源位置固定不变，分别选取 40mL/min、80mL/min、120mL/min 三组不同 $NH_3$ 流量条件，制备三组样品：样品 4、样品 5、样品 6，研究 $NH_3$ 气流量对产物形貌特性的影响，实验方案见表 9-5。

表 9-5  实验方案

| 样品编号 | 生长温度/℃ | 生长时间/min | NH₃ 流量/mL·min⁻¹ | Al 源位置/cm |
|---|---|---|---|---|
| 4 | 750 | 25 | 40 | 10 |
| 5 | 750 | 25 | 80 | 10 |
| 6 | 750 | 25 | 120 | 10 |

图 9-24 为 $NH_3$ 流量为 40mL/min 时制备的 GaN/AlN 核壳结构纳米线样品 4 的 SEM 图。由图 9-24（a）和（b）可发现 GaN 纳米线生长得较为稀疏，但都基本保持统一长度，呈线状分布，顶部存在金属 Pt 颗粒，说明符合 VLS 生长机制。由图 9-24（d）可看出，样品纳米线的直径增加，外侧大都包覆上 AlN 壳层，符合 VLS 机制。但是从图 9-24（c）中发现仍存在少许结块的现象，夹杂于纳米线周围，分析原因可能是此时 $NH_3$ 流量较低，N 源不充分，无法与 Al 源完全反应；且 $NH_3$ 作为载气动力不足，N 与 Al 原子在未达到 GaN 纳米线表面位置之前就存在一些结合，导致结块现象。

图 9-25 为 $NH_3$ 流量为 80mL/min 时制备的 GaN/AlN 核壳结构纳米线样品 5 的 SEM 图。由图 9-25（a）和（b）可知，GaN 纳米线生长分布较为均匀，适合二次包覆壳层结构。由图 9-25（a）和（c）对比可看出，包覆 AlN 壳层后纳米线直径明显增加，内部为实心白色 GaN，外侧是透明度较高的 AlN，高度有序，对比明显。且在 80mL/min 的 $NH_3$ 流量下，纳米线整根包覆完整，分散性较好，结块现象明显减少。尤其从高倍放大的图 9-25（e）中看到，AlN 包覆在 GaN 外侧均匀程度有所提升，厚度保持在一定值，线条感清晰。说明 $NH_3$ 流量的增加对 GaN/AlN 核壳结构形貌有一定改善。

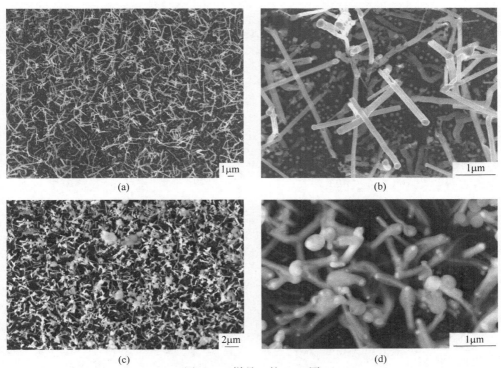

图 9-24　样品 4 的 SEM 图

（a）（b）纯 GaN 纳米线；（c）（d）GaN/AlN 核壳结构纳米线

图 9-26 为 $NH_3$ 流量为 120mL/min 时制备的 GaN/AlN 核壳结构纳米线样品 6 的 SEM 图。由图 9-26（a）和（b）可知，GaN 纳米线分布较为均匀。而从图 9-26（c）和（d）可看出 GaN/AlN 核壳结构纳米线形貌较图 9-25 而言较粗糙，堆积颗粒感明显。可能是因为 GaN/AlN 核壳结构表面与交界面光滑需要较高的 Al 源[35]。而在 N 元素浓度过高时，Al 元素浓度相对减少，原子碰撞概率增加会形成粉末状副产物存在于气相中，减小气相中的过饱和度；再结合 Al 原子可动性不高，气相中的结合导致其无法均匀地沉积在 GaN 纳米线外侧。此外，气流携带运载至衬底的速度过大，产生的大晶粒对衬底本身 GaN 纳米线会有一定侵蚀性，局部区域出现较大密度的非晶化现象，结晶质量变差[36]。

综上分析可知，$NH_3$ 流量设定过低时，可形成 GaN/AlN 核壳纳米线结构，但 AlN 无法完全反应；且 $NH_3$ 作为载气，流量过低导致动力不足，AlN 存在提前结合问题，导致结块现象产生；$NH_3$ 流量设定过高时，N 元素浓度过高，反应腔中 Al 元素浓度相对减少，造成 AlN 不能均匀沉积，且高速对衬底产生冲击，影响结晶质量。所以在充分反应的前提下，AlN 的生长要求较低 N 源/Al 源。实验表明 $NH_3$ 流量设定为 80mL/min 较为合适。

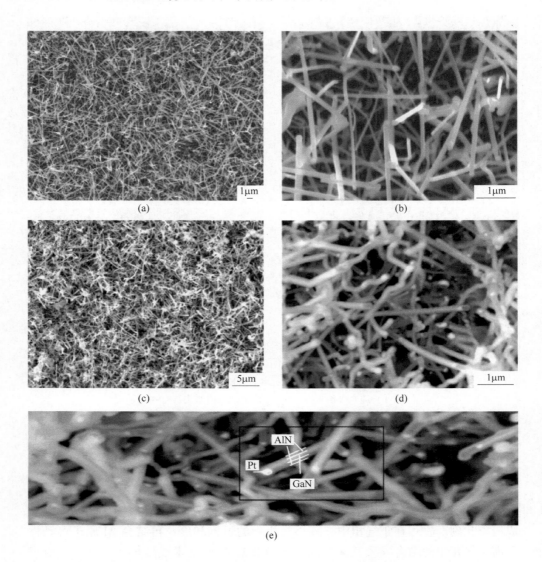

图 9-25　样品 5 的 SEM 图

（a）（b）纯 GaN 纳米线；（c）~（e）GaN/AlN 核壳结构纳米线

### 9.7.3　研究 Al 源位置对 GaN/AlN 核壳结构纳米线的影响

无水 $AlCl_3$ 粉末作为 Al 源，在较低温度即可升华，以气体形式在反应室与 $NH_3$ 反应。因而 Al 源位置也是需要关注的一项影响因素。保持生长温度、生长时间、$NH_3$ 流量固定，改变 Al 源位置分别位于距衬底 5cm、10cm、15cm 的反应

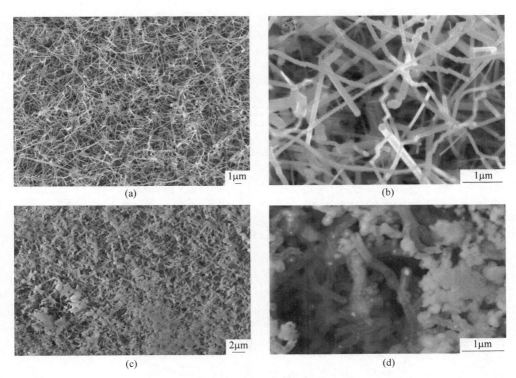

图 9-26 样品 6 的 SEM 图

（a）（b）纯 GaN 纳米线；（c）（d）GaN/AlN 核壳结构纳米线

室上游处，生长制备出样品 7、样品 8 和样品 9，实验方案见表 9-6。研究 Al 源位置对产物形貌特性的影响。

表 9-6 实验方案

| 样品编号 | 生长温度/℃ | 生长时间/min | $NH_3$ 流量/mL·$min^{-1}$ | Al 源位置/cm |
| --- | --- | --- | --- | --- |
| 7 | 750 | 25 | 80 | 5 |
| 8 | 750 | 25 | 80 | 10 |
| 9 | 750 | 25 | 80 | 15 |

图 9-27 为 Al 源位于距衬底 5cm 处制备的 GaN/AlN 核壳结构纳米线样品 7 的 SEM 图。通过对比图 9-27（a）和（c）可发现包覆后图像白色亮区增加，纳米线外侧明显包覆 AlN 壳层。对比图 9-27（b）和（d）可发现，每根纳米线基本都形成核壳形貌，但 AlN 壳层包裹厚度并不均匀，纳米线顶部包覆较厚，表面较为粗糙，这是由于 AlN 的键能较高，键合后迁移需要能量高。但存在大面积的堆叠现象，分析原因可能是 Al 源放置距衬底 5cm 处过近，蒸气密度较高，造成

沉积速度大于形成核壳结构所需，使得多余 Al 源生成 AlN 块状沉积现象。

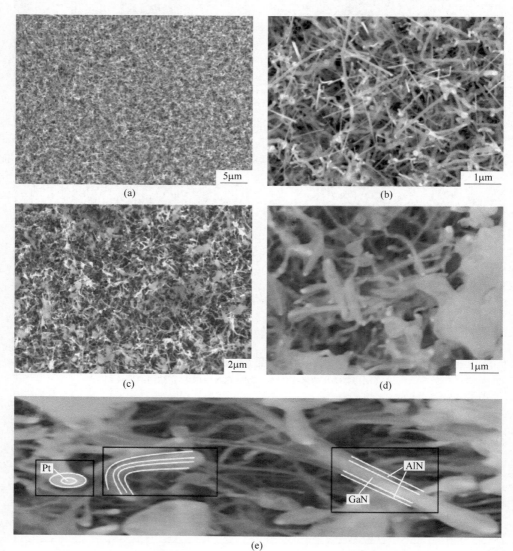

图 9-27　样品 7 的 SEM 图

（a）（b）纯 GaN 纳米线；（c）～（e）GaN/AlN 核壳结构纳米线

　　图 9-28 为 Al 源位于距衬底 10cm 处制备的 GaN/AlN 核壳结构纳米线样品 8 的 SEM 图。从图 9-28（a）和（c）对比可发现，该条件下纳米线包覆分布均匀，不存在明显结块现象，且在图 9-28（d）中可观察到纳米线每一根都清晰包覆有 AlN 壳层，且厚度均匀。说明 Al 源位于距衬底 10cm 处较为合适，一方面可以持

续提供 Al 源生长核壳结构，另一方面冲击力不会太强，可以形成较好形貌的 GaN/AlN 核壳结构纳米线。

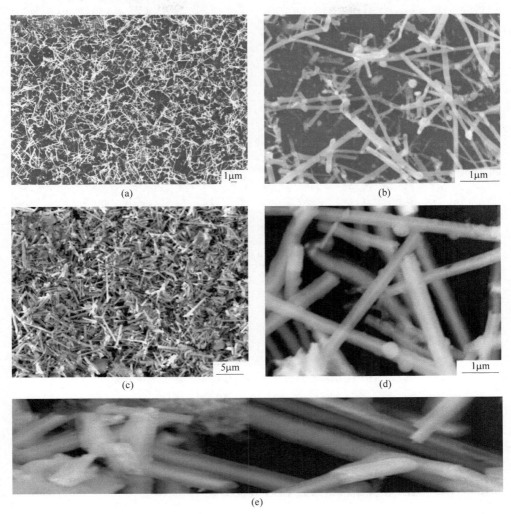

图 9-28　样品 8 的 SEM 图
（a）（b）纯 GaN 纳米线；（c）~（e）GaN/AlN 核壳结构纳米线

图 9-29 为 Al 源位于距衬底 15cm 处制备的 GaN/AlN 核壳结构纳米线样品 9 的 SEM 图。由图 9-29（a）和（c）对比可知，AlN 呈雾状薄膜覆盖于 GaN 纳米线周围，伴随局部过亮区域即出现结块现象，未形成 GaN/AlN 核壳结构纳米线。说明此时 Al 源与衬底相距太远可能供应动力不足，使 AlN 无法吸附于 GaN 纳米线表侧。

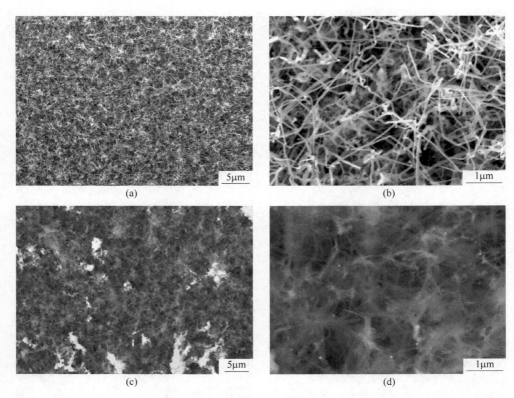

图 9-29　样品 9 的 SEM 图

（a）（b）纯 GaN 纳米线；（c）（d）GaN／AlN 核壳结构纳米线

综上可知，Al 源处于距衬底不同位置对应不同的源温度，伴随载气 $NH_3$ 的携带作用，Al 原子到达衬底速度不同，生成形貌不同，距离过近过远都会导致形貌受损，最佳位置应处于距衬底 10cm 处。

### 9.7.4　GaN／AlN 核壳结构纳米线 EDS 表征测试

能谱仪（EDS）测试是对所选检测区域内材料元素成分定量分析。当壳层电子被激发留下空位，外侧电子跃迁释放特征 X 射线，电子在不同壳层间的转移形成能量差具有不同谱线，分析这些特征谱线与其强度确定元素含量。具有测试快速，对倍率无明显要求，探针电流对样品损失小，分析准确度高等特点[37]。此次 EDS 实验测试所采用实验设备是与 SEM 附属配套的系统。

选取形貌晶体质量较好的样品进行 EDS 分析。从图 9-30 可知，EDS 能谱检测出 N、Al、Ga 元素，所占的摩尔分数分别为 51.37%、20.44%、28.19%，并无其他杂质，说明核壳结构成分分布符合期望结果。Al（20.44%）、Ga

（28.19%）的摩尔分数相加数值（48.63%）与 N 的摩尔分数（51.37%）大致呈 1：1。可推测 GaN/AlN 核壳纳米线中 GaN 核占比约为 59%，AlN 壳占比约为 41%。

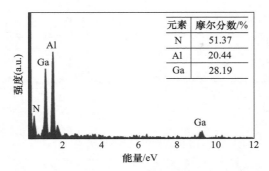

| 元素 | 摩尔分数/% |
|------|-----------|
| N | 51.37 |
| Al | 20.44 |
| Ga | 28.19 |

图 9-30　GaN/AlN 核壳结构纳米线 EDS 能谱

### 9.7.5　GaN/AlN 核壳结构纳米线 XRD 表征测试

X 射线衍射（XRD）测试可用来表征材料的结晶度和晶相结构。X 射线是穿透力很强的电磁波，投射到晶体材料，基于布拉格衍射定理，原子内电子发出散射球波面在不同方向有所加强或抵消，从而出现衍射现象。衍射线的方向与相对强度体现出材料晶体结构和物相组成[38]。将测试结果的特征峰与标准 PDF 卡片对比得出材料物相特性。XRD 分析物相较为方便快捷，破坏污染性很小。此次实验采用的测试方法是薄膜法。

图 9-31 为样品 XRD 测试图谱，图 9-31（a）为第一步制备的核 GaN 纳米线测试结果，可从图中看出 $2\theta$ 为 32.422°、34.632°、36.887°、48.169°、57.835°、63.548°、70.599°时出现的衍射峰分别对应 WZ-GaN 卡片（编号为 50-0792）的 (100)(002)(101)(102)(110)(103)(112)(201) 晶面。其中表面能比较低的 (002) 晶面相对的特征峰最高，说明 GaN 纳米线沿 $c$ 轴优先取向，即 [001] 方向为纳米线生长方向。衍射峰都较尖锐，半峰全宽较窄，说明纯度较高，结晶性完整。而从图 9-31（b）中可发现包覆 AlN 壳层后，在 33.216°、36.041°、37.917°、49.816°、59.350°、66.054°、71.440°位置出现特征峰与 WZ-AlN（编号为 25-1133）的 (100)(002)(101)(102)(110)(103)(112) 晶面一致。说明包覆的 AlN 壳层结晶度较好，是单晶纤锌矿结构，并成功包覆于 GaN 纳米线外侧。

### 9.7.6　GaN/AlN 核壳结构纳米线的 TEM 表征测试

透射电子显微镜是利用高能电子束与薄膜样品发生作用，并将穿过的电子通

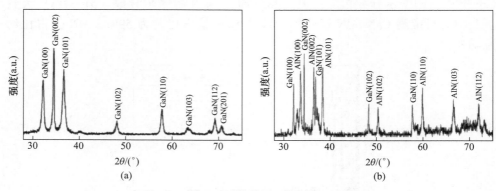

图 9-31　样品 XRD 图谱

（a）GaN 核纳米线；（b）GaN/AlN 核壳纳米线

过电磁透镜聚集成像的电子光学仪器。透射电镜可以对样品内部结构进行微观分析，电子显微镜的加速电压越高，电子对样品穿透力越强，同时分辨率也得到进一步提高。此次实验采用的 JEM-3010 设备，分辨率达 0.17nm，最高放大 150 万倍。

图 9-32（a）为单根 GaN/AlN 核壳结构纳米线，该结构表面光滑，两种材料交界面清晰，分布均匀。其中 GaN 纳米线直径约为 187nm，AlN 壳厚约为 84nm。左上角插图显示选区电子衍射出现两套六方纤锌矿结构衍射图谱，说明 GaN、

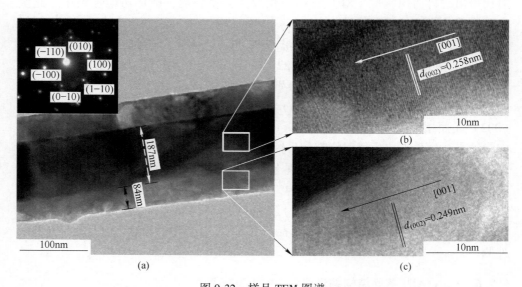

图 9-32　样品 TEM 图谱

（a）单根 GaN/AlN 核壳结构纳米线；（b）核 GaN；（c）壳 AlN 的 HRTEM 图谱

AlN 生长为单晶结构。图 9-32（b）为核 GaN 的 HRTEM 图，可读取晶面间距约为 0.258nm，对应了 GaN 六方纤锌矿结构（002）面，说明纳米线生长沿［001］晶向；由图 9-32（c）可知壳层材料晶面间距为 0.249nm，对应 AlN 六方纤锌矿结构（002）面，说明壳 AlN 也同样沿（001）方向生长。

### 9.7.7　GaN/AlN 核壳结构纳米线 PL 谱

光致发光（PL）指样品吸收外界一定波长的光学激发后原子获能，发生辐射跃迁到激发态，在返回基态时辐射荧光。接收分析这种荧光可反映样品信息。不同的发光峰对应不同的发光机制。光致发光光谱不仅可表征材料电子结构与缺陷，还可探究材料光学特性。具有很高的分辨率和快反应速度，适合薄层材料的分析，激发光波长为 320nm。

由图 9-33 可知，纯 GaN 纳米线 PL 测试图谱的主峰位于 362nm 处，对应电子的近带边发射，FWHM 约为 74nm，而位于 388nm 处的肩峰，可能是弯曲形貌纳米线中存在 O 杂质导致。GaN/AlN 核壳纳米线的主峰位于 331nm 处，与 Qian 等人[39]测试的 AlN/GaN 量子阱数据相近，说明包覆壳层后发生了蓝移现象，与上文计算相对应，与 AlN 壳层对 GaN 核造成的压缩力相关。FWHM 约为 68nm，略小于 GaN，可能是因为壳层对核表面态的修饰作用。另外在 262nm 处出现侧峰与 AlN 中缺陷相关，光谱处于紫外区域，说明该材料在紫外光电材料中有应用前景。

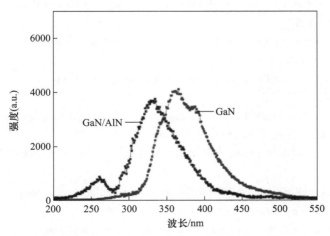

图 9-33　GaN/AlN 核壳结构纳米线 PL 图谱

本章利用 CVD 法分两步在 Si 衬底上合成了 GaN/AlN 核壳结构纳米线，研究三项生长指标对样品形貌的影响，并对样品进行测试分析，得到以下结论：

（1）研究生长参数对样品形貌影响：生长温度对核壳结构生长影响显著。

温度过高会导致气相原子在衬底的黏附系数增大，沉积速度减弱，难以紧密与核 GaN 结合；温度过低会使原子获得能量减少，迁移长度减小，AlN 相互结合呈球状散落于 GaN 纳米线周围。研究表明最优温度约为 750℃ ，可削弱副反应，得到形貌较完整的 GaN/AlN 核壳结构纳米线。$NH_3$ 流量设定过低，AlN 无法完全反应，且作为载气，流量过低导致动力不足发生提前结合现象；设定过高使得反应腔中 Al 元素浓度相对减少，造成沉积不均匀，且速度过快对衬底造成冲击；实验表明 $NH_3$ 流量设定为 80mL/min 较为合适。Al 源处于距衬底不同位置对应不同的温度，随载气到达衬底速度不同，导致不同形貌，最佳位置应为距衬底 10cm 处。

（2）EDS、XRD 和 TEM 测试表明核壳结构组分符合期望，合成的核 GaN 与壳 AlN 都为六方纤锌矿结构，且沿 $c$ 轴优先生长，XRD 衍射峰尖锐无杂峰，说明结晶性较好。TEM 显示纳米线表面光滑，界面清晰，核直径约为 187nm，壳厚约为 84nm。PL 谱蓝移与计算结果对应，说明该材料在紫外光电材料领域有所应用。

## 参 考 文 献

［1］赵成大. 固体量子化学：材料化学的理论基础［M］. 北京：高等教育出版社，2003.

［2］BORN M，HEISENBERG W. Zur quantentheorie der molekeln［J］. Original Scientific Papers Wissenschaftliche Originalarbeiten，1985：216-246.

［3］FISCHER C F. General Hartree-Fock Program［J］. Computer Physics Communications，1987，43（3）：355-365.

［4］FOCK V. Näherungsmethode zur Lösung des quantenmechanischen Mehrkörperproblems［J］. Zeitschrift für Physik，1930，61：126-148.

［5］HOHENBERG P，KOHN W. Inhomogeneous electron gas［J］. Physical Review，1964，136（3B）：B864.

［6］CEPERLEY D M，ALDER B J. Ground state of the electron gas by a stochastic method［J］. Physical Review Letters，1980，45（7）：566.

［7］张秀荣. 过渡金属混合/掺杂小团簇的结构和性能［M］. 哈尔滨：哈尔滨工程大学出版社，2013.

［8］PERDEW J P，BURKE K，ERNZERHOF M. Generalized gradient approximation made simple［J］. Physical Review Letters，1996，77（18）：3865-3868.

［9］PERDEW J P，WANG Y. Accurate and simple analytic representation of the electron-gas correlation energy［J］. Physical Review B，1992，45（23）：13244.

［10］LEE C，YANG W，PARR R G. Development of the Colle-Salvetti correlation-energy formula into a functional of the electron density［J］. Physical Review B，1988，37（2）：785.

［11］LANGRETH D C，MEHL M J. Beyond the local-density approximation in calculations of ground-state electronic properties［J］. Physical Review B，1983，28（4）：1809-1834.

［12］ HAFNER J. Ab-initio simulations of materials using VASP：Density-functional theory and beyond［J］. Journal of Computational Chemistry, 2008, 29（13）：2044-2078.

［13］ MONKHORST H J, PACK J D. Special points for Brillouin-zone integrations［J］. Physical Review B, 1976, 13（12）：5188-5192.

［14］ SCHULZ H, THIEMANN K H. Crystal structure refinement of AlN and GaN［J］. Solid State Communications, 1977, 23（11）：815-819.

［15］ XIA S, LIU L, DIAO Y, et al. Atomic structures and electronic properties of Ⅲ-nitride alloy nanowires：a first-principle study［J］. Computational and Theoretical Chemistry, 2016, 1096：45-53.

［16］ STRITE S, MORKOÇ H. GaN, AlN, and InN：a review［J］. Journal of Vacuum Science & Technology B：Microelectronics and Nanometer Structures Processing, Measurement, and Phenomena, 1992, 10（4）：1237-1266.

［17］ 李振勇. GaN 掺杂系统电子结构和光学性质的理论研究［D］. 曲阜：曲阜师范大学, 2010.

［18］ 张丽敏, 范广涵, 丁少锋. Mg, Zn 掺杂 AlN 电子结构的第一性原理计算［J］. 物理化学学报, 2007, 23（10）：1498-1502.

［19］ 李恩玲, 郗萌, 崔真, 等. 未钝化和 H 钝化 GaN 纳米线的电子结构［J］. 计算物理, 2013, 30（2）：277-284.

［20］ CARTER D J, GALE J D, DELLEY B, et al. Geometry and diameter dependence of the electronic and physical properties of GaN nanowires from first principles［J］. Physical Review B, 2008, 77（11）：115349.

［21］ 肖美霞. GaN/InN 核壳纳米线和 Cu 互连线在外场下的表/界面效应［D］. 吉林：吉林大学, 2011.

［22］ ROSA A L, NEUGEBAUER J. First-principles calculations of the structural and electronic properties of clean GaN（0001）surfaces［J］. Physical Review B, 2006, 73（20）：591-596.

［23］ GROSSE P, OFFERMANN V. Analysis of reflectance data using the Kramers-Kronig relations［J］. Applied Physics A, 1991, 52：138-144.

［24］ PERSSON C, DA SILVA A F. Linear optical response of zinc-blende and wurtzite Ⅲ-N（Ⅲ = B, Al, Ga, and In）［J］. Journal of Crystal Growth, 2007, 305（2）：408-413.

［25］ KARCH K, BECHSTEDT F, PLETL T. Lattice dynamics of GaN：Effects of $3d$ electrons［J］. Physical Review B, 1997, 56（7）：3560-3563.

［26］ 黄保瑞, 张富春, 崔红卫. GaN 电子结构与光学性质的第一原理研究［J］. 河南科学, 2016, 34（1）：16-19.

［27］ 杜玉杰, 常本康, 张俊举, 等. GaN（0001）表面电子结构和光学性质的第一性原理研究［J］. 物理学报, 2012, 61（6）：414-420.

［28］ YU G, WANG G, ISHIKAWA H, et al. Optical properties of wurtzite structure GaN on sapphire around fundamental absorption edge（0.78-4.77eV）by spectroscopic ellipsometry

and the optical transmission method［J］. Applied Physics Letters, 1997, 70 (24):
3209-3211.

［29］郑晓娟, 王娟, 李善锋, 等. 生长温度对纳米 AlN 薄膜的表面形貌和结晶特性的影响
［J］. 功能材料, 2005, 36 (1): 93-96.

［30］彭建梅. 定向生长 AlN (110) 薄膜形貌特征及光学性能研究［D］. 南昌: 南昌大
学, 2016.

［31］周士芸, 谢泉, 闫万珺, 等. CrSi$_2$ 能带结构和光学性质的第一性原理研究［J］. 功能材
料, 2007, 38 (A01): 379-383.

［32］王云彪, 佟丽英, 杨召杰, 等. 氮化镓外延用硅衬底问题研究［J］. 电子工艺技术,
2018, 39 (1): 4-7.

［33］WAGNER R S, ELLIS W C. Vapor-liquid-solid mechanism of single crystal growth［J］.
Applied Physics Letters, 1964, 4 (5): 89-90.

［34］郭素枝. 扫描电镜技术及其应用［M］. 厦门: 厦门大学出版社, 2006: 30-31.

［35］SINGHA C, SEN S, PRAMANIK P, et al. Growth of AlGaN alloys under excess group Ⅲ
conditions: Formation of vertical nanorods［J］. Journal of Crystal Growth, 2018, 481:
40-47.

［36］张莹. GaN/AlN 超晶格半导体材料的脉冲 MOCVD 生长以及表征研究［D］. 西安: 西安
电子科技大学, 2012.

［37］张有纲, 罗迪民, 宋永功. 电子材料现代分析概论（第二分册）［M］. 北京: 国防工业
出版社, 1993: 162-164.

［38］杜希文, 原续波. 材料分析方法［M］. 天津: 天津大学出版社, 2006: 42-44.

［39］QIAN F, BREWSTER M, LIM S K, et al. Controlled synthesis of AlN/GaN multiple quantum
well nanowire structures and their optical properties［J］. Nano Letters, 2012, 12 (6):
3344-3350.